君たちはこの国をどう守るか

伊藤祐靖
Sukeyasu Ito
宮嶋茂樹
Shigeki Miyajima

文藝春秋

君たちはこの国をどう守るか

目次

まえがき

宮嶋茂樹

　嗚呼、なんという名誉であろう。自衛隊特殊部隊の父とも言える伊藤祐靖氏とサシで話ができる機会を与えられたのである。否、類いまれな戦略家かつ人間兵器にまで鍛えに鍛えぬかれた伊藤氏と、所詮バッタカメラマンの不肖・宮嶋が釣り合うはずもない。

　ここはうなずき（相槌）役に徹し節度と謙虚さを持って臨まねばならぬ。伊藤氏と不肖・宮嶋の共通点と言えば、我が国のれっきとした領土でありながら、中国の公船は侵入できても、日本人が自由に立ち入れない沖縄県尖閣諸島魚釣島に時期は異なるが上陸したことくらいである。ただし不肖・宮嶋が、奇蹟的に波が静まった間に漁船から手漕ぎゴムボートに乗り換え一時間以上かかって上陸したのに対し、伊藤氏はあの恐ろしい潮の流れの中、鮫《さめ》がうようよいる波間を泳いで上陸、さらにそのまま、島最高峰で急斜面の奈良原岳に登頂、そこに日の丸までおっ立てたのである。

ただ、不肖・宮嶋も伊達に報道カメラマンを四十年以上続けてきた訳ではない。一度の作戦で数万人が死んだ先の大戦も、カメラマンにとって最高の舞台となったベトナム戦争も知らぬが、近代戦なら下手な軍人、傭兵よりも見てきた。死体ならその辺の町医者より多く見てきた。

深海にも宇宙にも、いや富士山頂より高いところも行ったことないが、南極大陸一〇〇〇キロの内陸部、マイナス六〇度の世界で取材したり、水無しでは一時間で人間がミイラになる硫黄島の塹壕《ざんごう》で二晩過ごしたこともある。

1992年、内戦終結直後のカンボジアから始まった自衛隊実動部隊のPKO（国連平和維持活動）への派遣は、モザンビーク、ゴラン高原、東ティモール等々、2015年の南スーダンまで、いまや日本人ですべてに参加したのは私ただ一人となった。皆勤賞である。

伊藤氏ほどではないにしても、少しは現場の兵士の気持ちを理解できるのではないか。弾の下をくぐる恐怖を、空襲警報におびえる生活を、そんな銃後にいても空爆の犠牲になったウクライナの女性や子供らの無念さを、そして戦争の現実を……語れるのではないかと。無謀にもそういう考えに至り、今回の対談に挑んだのである。

いまも日本国憲法さえ守っていれば、日本は戦争に巻き込まれないとマジで信じておられる自称市民団体のみなさまも、この期に及んでも、話し合いでプーチン大統領が兵を引くと語るオツムがお花畑の政治家センセイ方も、気分は良くないかもしれんが、我慢して耳を傾けていただきたい。

きれいごとでは済まぬ世界情勢の現実から目をそむけることなく、これからの日本、地球の将来を真剣に憂う方々は襟と膝を正し、ページを読み進めていただきたい。

そしてみなさまが本書を読み終えるまでは我が国の平和と繁栄が続く事を切に願う。

令和5（2023）年　6月

章

ウクライナ情勢徹底分析

――ロシアがウクライナを侵略している構図は明白です（宮嶋）

四回の取材を通して感じた、ウクライナの真実

伊藤　宮嶋さんとお話しするのは、今回が初めてですね。

宮嶋　そうですね、これまでニアミスは何度かありましたが。一番近かったのは、２０１２年に伊藤さんが尖閣諸島に上陸したときでした。

伊藤　あのとき、宮嶋さんもいらっしゃったんですか？

宮嶋　いえ、私は石垣島に。その前、西村眞悟議員らと一緒に尖閣諸島に上陸しました。

伊藤　私の宮嶋さんとの最初の接点は、私が海上自衛隊時代に遭遇した能登半島沖不審船事件について『正論』（産経新聞社）に書いたら、「おもしろい」というコメントをいただいたことです。

宮嶋　伊藤さんの文章は、とてもスリリングでした。今回の対談で、伊藤さんから海上自衛隊はもちろん、特殊部隊や日本の防衛についてのお話を聞くのが楽しみです。

伊藤　こちらこそこれまで世界各地を取材された宮嶋さんに、ぜひいろいろうかがいたいと思っていました。まずは宮嶋さんが最近取材から戻られた、ウクライナの状況からお願いします。

宮嶋 2022年2月にロシアがウクライナに侵攻してから、四回取材に参りました。一回目は、侵攻一週間後の3月3日から4月中旬までです。このときのウクライナは絶体絶命で、一週間もたないと思われていました。ところが日が経つにつれて、ウクライナが持ちこたえていることがわかり、さらにロシア軍の撤退を聞いて「あ、これはひょっとして」と思いました。

2014年、ロシアにクリミア半島を併合されたときのウクライナは本当に情けない状況で、八年後、私が首都キーウに着く頃にはロシアのものになっていることを覚悟していたので、ウクライナの善戦に驚きました。

伊藤 ウクライナに最初に入ったときはどうでした?

宮嶋 最初に入ったのは、西の国境近くにあるリヴィウという町です。毎日空襲警報が鳴っていましたが、さほど危機感はなかったですね。ウクライナから逃げ出す難民で混乱していましたが、いまにも弾が飛んでくるという状況ではありませんでした。

伊藤 ちょうど北京冬季オリンピックの頃でしたね。

宮嶋 ええ。プーチン大統領が北京冬季オリンピックの開会式に出席し、ウクライナ侵攻はないと思われていましたが、外れでした。

伊藤 それ以降は?

宮嶋　二回目は4月の中旬から5月の上旬まで、約四週間滞在しました。このときはウクライナの反撃があると聞き、東部のハルキウまで行きました。三回目は少し時間が空いて、侵攻から一年が経とうとする頃ですね。年が明けてから日本を発ち、1月下旬に帰国しました。四回目は2月中旬に出発し、3月22日までいました。

伊藤　侵攻から一年以上経ちますが、四回の取材を通じてどんなことを感じましたか。

宮嶋　戦況の変化はありましたが、この戦争は相当長引くだろうと感じました。ウクライナの国民も、それを覚悟しているように見えます。ロシア国境に近い大都市ハルキウでは、国民はほぼ普通の生活をしています。そこには食料もふんだんにありますし、ロック・コンサートもやっています。

空爆による停電はありますが、それ以外は日常を取り戻している様子です。ウクライナの南部に行ったら状況が一変しますけど。

伊藤　それは日本にいたらわかりませんね。

宮嶋　慣れもあるんでしょうね。当初地下に避難してた人たちも、いまではみんな地上に出てきましたし。市場もショッピングモールも開店し、鉄道は新幹線並みの快適さと正確さで運行しています。一時は四〇〇万人と言われた難民も、だいぶ帰国したのではないかと思います。「ヨーロッパに来たら絶対に帰らないぞ」というシリアの難民と違って、ウクライナの難民は一時避難で状況がよくなったら帰るつもりだから、避難先でもトラブルは起こさないようです。

伊藤 難民の帰国は、戦況によるものですか。

宮嶋 そうだと思います。まだ戦時下なのに平気で家族を連れて戻っているのを見て、「ウクライナは勝つ」という意志を感じました。少なくともウクライナ国民は負けることはないと思っています。

ただゼレンスキー大統領が言うクリミア半島の奪還を、一〇〇パーセント信用してるわけじゃないでしょうね。国民の大多数は、戦争が始まる前の状態にしたいというのが本音でしょう。

伊藤 それにしても戦時下の大都市に悲惨なイメージがないというのは驚きです。

宮嶋 日本の大手メディアは「現地の住民は悲惨な状況で頑張っている。その様子を、危険を顧みない自分たちが伝えている」と、これ見よがしに言いたがるんですよ。私は「ウクライナ、けっこう普通だよ」という面を伝えたかった。

まあ本質的には普通じゃないんですけどね。空襲警報は鳴りますし、民間人も多く殺されていますから。ただ悲壮感ばかりというのは、事実を伝えるということにおいてフェアじゃないと思っています。

伊藤　興味深いですね。ウクライナの人たちがたくましいのは、国民性もあるんでしょうか。

宮嶋　あると思います。それに加え、食料の不安がないことも大きいでしょうね。なにしろウクライナは食料自給率一四〇パーセントですから。マーケットには肉、野菜、乳製品、なんでもありました。驚くのはその安さです。大きな塊のチーズが日本円で一〇〇円くらい。あと肉ですね。保存食のハムはもちろん、ステーキなどの新鮮な肉もたくさんありました。ウクライナの強みは、食料があることですよ。「腹が減っては、戦はできん」というのは、本当の事だと思います。海上自衛隊ご出身の伊藤さんに言うのは釈迦《しゃか》に説法ですけど。

伊藤　太った人が多いですから、海上自衛隊って（笑）。

宮嶋　でも米軍ほどじゃないですよね（笑）。

伊藤　四回目の取材で南部に行けなかったのは、残念だったのではありませんか。

宮嶋　欧米のジャーナリストがだいぶ亡くなり、報道陣が同行するツアーも中止になりましたからね。単独で行くのは金銭的にきついので諦めました。

伊藤　カメラマンの方たちは、軍隊から守ってもらえないですからね。

宮嶋　そうなんです。取材は自己責任ですし、自分がモタモタしたら周りに迷惑をかけますから、リスクの計算は常に頭にあります。

弱かった冬将軍

伊藤 三回目の取材は真冬だったと思いますが、現地の寒さはどうでした？

宮嶋 今年は暖冬でよかったと思います。でも日本のマスコミは「極寒の地」「冬将軍到来」「停電でウクライナの人は大丈夫なのか」と報じていたようですが。ウクライナはたしかに寒いですが、シベリアのマイナス五〇度に比べれば楽ですよ。今年はちょうど北海道の釧路と同じくらいだったのではないでしょうか。四回目の取材のときは、雪でなく雨が降るくらいでしたから。

伊藤 雨でぬかるむと、戦車はなかなか進めないでしょうね。

宮嶋 そうですね。あのあたりは第二次大戦時に、戦車の進攻を阻《はば》んだ田園地帯ですから。ロシアがナポレオンに、ソ連がドイツに勝ったのは冬将軍のおかげと言われていますが、今年に限っては冬将軍が弱く、ロシアの味方をしなかったと言えるでしょう。

伊藤 ウクライナではジャーナリスト同士の交流もあったんでしょうか。たとえば南部から戻った人に、戦闘の激しさを聞くとか。

宮嶋　もちろんありました。南部を取材するジャーナリストは、短期決戦の心構えでした。激戦地区からちょっと引いたスラビャンスクなどの都市に取材拠点を持ち、そこから日帰りで通うスタイルです。

伊藤　日帰りとは驚きです。

宮嶋　ほとんど日帰りですね。前線に従軍する取材でも、せいぜい二泊三日。中には従軍するうちに、ウクライナ軍に入隊する猛者《もさ》までいました。ウクライナ人の映像作家でしたけど。

伊藤　宮嶋さんは今回のウクライナ侵攻を現地を知る人間としてどう見ておられるんですか？

宮嶋　先入観と言われたらそれまでなんですけど、ロシアの侵略で始まった善悪のはっきりした戦争という気持ちはずっと変わらなかったです。実際、ロシア兵はこれが近代的な軍隊かというような野蛮ぶりで、あちこちで戦争犯罪の証拠を残し、それを隠滅しようとしていました。ウクライナ寄りの見方と言われればそれまでなんですけど、いまロシアの取材は不可能ですから、そこは仕方がないと思っています。もちろんウクライナ側が全部正しいかというとそうでもない。実際に一部ですがロシア兵の捕虜を殺した映像もありますし。

伊藤 ロシアの占領から解放された地域に行ったときはどうでした？

宮嶋 ロシア軍が撤退したところはひどかったです。あれは軍隊ではなく山賊です。ロシア軍にもMRE（Meal Ready to Eat、携行用糧食）があるんですが、その空き箱がいっぱい落ちているんですよ。そんなものを捨てて自分たちがいた痕跡を残していくなんて、軍隊としてはダメと。さらにジャガイモや玉ねぎなど、食材を略奪した形跡も多く見られました。おそらくロシア兵は携行用糧食だけを与えられ、あとは民家から略奪して任務を続けるような情けない装備で戦場に投入されたのではないでしょうか。ロシア軍は占領した村々を壊滅させるという、第二次世界大戦時のドイツもやらなかったようなことをやっていました。そのほかにも撤退する際にインフラ設備を壊して荒らす、地雷を仕掛ける、挙げ句、自軍の機密書類を残していくという体たらくですね。

伊藤 軍の書類というのは？

宮嶋 私が司令部跡で見つけたのは「新兵訓練計画書」でした。そんなもんを残して、よう逃げよるなと（笑）。

伊藤 想像以上の反撃を食らって、あわてふためいて逃げたってことかな。

宮嶋 あわてていたんでしょうけど、統制が取れてないのが丸わかりですよね。ロシアの軍隊には勇敢なイメージを持っていましたが、あんなにガラが悪いとは。雑な撤退の仕方

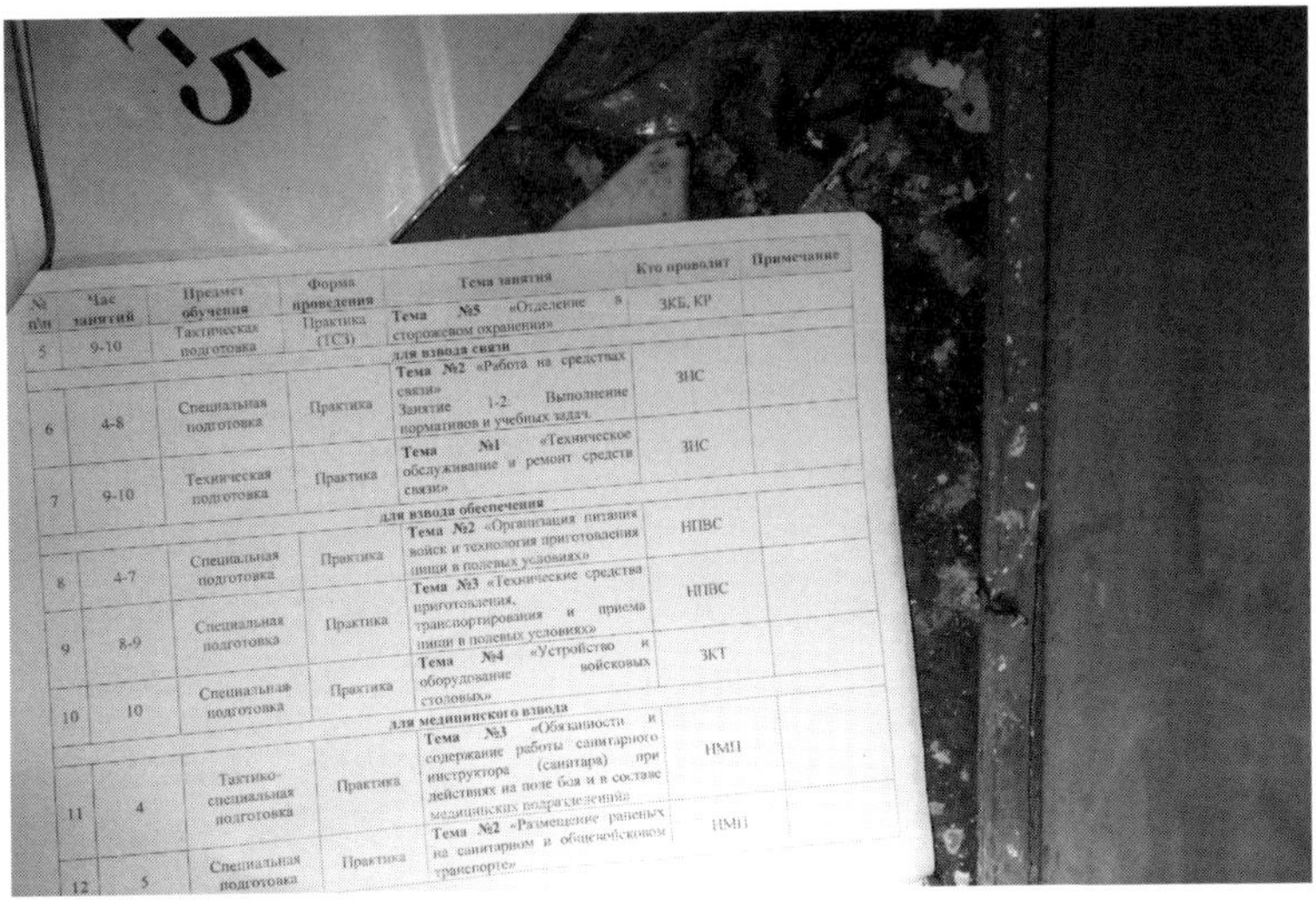

№ п/п	Час занятий	Предмет обучения	Форма проведения	Тема занятия	Кто проводит	Примечание
5	9-10	Тактическая подготовка	Практика (ТСЗ)	Тема №5 «Отделение в сторожевом охранении»	ЗКБ, КР	
				для взвода связи		
6	4-8	Специальная подготовка	Практика	Тема №2 «Работа на средствах связи» Занятие 1-2. Выполнение нормативов и учебных задач.	ЗНС	
7	9-10	Техническая подготовка	Практика	Тема №1 «Техническое обслуживание и ремонт средств связи»	ЗНС	
				для взвода обеспечения		
8	4-7	Специальная подготовка	Практика	Тема №2 «Организация питания войск и технология приготовления пищи в полевых условиях»	НПВС	
9	8-9	Специальная подготовка	Практика	Тема №3 «Технические средства приготовления, транспортирования и приема пищи в полевых условиях»	НПВС	
10	10	Специальная подготовка	Практика	Тема №4 «Устройство и оборудование войсковых столовых»	ЗКТ	
				для медицинского взвода		
11	4	Тактико-специальная подготовка	Практика	Тема №3 «Обязанности и содержание работы санитарного инструктора (санитара) при действиях на поле боя и в составе медицинских подразделений»	НМП	
12	5	Специальная подготовка	Практика	Тема №2 «Размещение раненых на санитарном и общевойсковом транспорте»	НМП	

撤退したロシア軍が残した「新兵訓練計画書」

を見て、「この戦争はすぐには終わらない」と思いました。

伊藤　戦いながら新兵教育をしているとすれば、部隊のレベルの低さがわかりますね。新兵なんて、回れ右から教えなきゃいけませんから。

宮嶋　そうなんですよ。私はロシア語が少しわかるんですが、「新兵訓練計画書」には行進から銃の扱いまで書いてありました。

伊藤　ロシアはウクライナの民間施設も攻撃していますよね。学校や病院など、武器のない場所も破壊されている。戦争犯罪が明らかな攻撃をする目的はなんなんでしょう？

宮嶋　ウクライナの人たちは、「ロシアのスパイはその辺にいっぱいいる」と言います。彼らはウクライナには愛国者だけではなく、ロシアに通じている人間もいることを自覚しています。伊藤さんが仰るように学校や病院、民家への攻撃は戦争犯罪なんですが、そこに武器を隠してるケースもあるようなんです。その情報がスパイから漏れていると。

伊藤　なるほど。高価なミサイルを学校や病院に撃つ意味があるのかと疑問でしたが、中に武器があるとすれば納得です。

宮嶋　要はロシアのやり方は、「面倒だから、怪しいところは全部攻撃してしまえ」なんです。スパイが「そこに武器がある」と言えば、とりあえず攻撃しておく。その情報の信憑性はさておき。

伊藤　やはり現地に行った人の話は興味深いですね。

宮嶋　攻撃を受けた学校を撮影していたら、中からバラバラと軍人が出てきて「写真のデータを消せ」と言われたことがありました。民間施設を爆撃された跡を撮影しているだけなのに、軍人が「撮っちゃダメだ」と。明らかにおかしいですよ。

伊藤　ロシア人とウクライナ人なら、内通者がいても見分けがつかないですよね。

宮嶋　そうですね。ロシアとウクライナは親戚のようなものですから。言葉は違いますが、見た目の区別はつきません。

伊藤　互いに似ていても、ウクライナはロシアと別の国だという意識は強いですよね。

宮嶋　ずっと前からそうでしょう。ソ連時代に一度ウクライナに行きましたが、その頃から「自分らはウクライナ人だ」と言っていましたから。その一方で、ロシアには「ウクライナは自分たちのものだ」という意識がある。そう考えるロシアにとって、クリミア半島がクリミア自治共和国として事実上のウクライナ領になったショック、、、は相当だったでしょう。

岸田首相のウクライナ電撃訪問

宮嶋　四回目の取材のとき、岸田首相がインドからウクライナに来るという噂があったんです。

伊藤　実際に電撃訪問しましたよね。

宮嶋　報道カメラマンとしては、写真を撮れなかった以上言い訳でしかないんですけど、5月までならあの時期しかないと確信していました。岸田首相がポーランド国境から鉄道でウクライナに入ったと知り、私はキーウにある聖ソフィア大聖堂の前にある広場で張るつもりでいました。ここは2月の米国大統領電撃訪問のときにゼレンスキーと並んで歩いた場所で、撮れるとしたらそこしかないからです。ところが岸田首相が姿を現したのはブチャ。キーウのどこかでゼレンスキー大統領と会談したようですが、広場には現れませんでした。

伊藤 岸田首相の警備はどうでした? 日本から自衛隊の特殊部隊は行ってないですよね。

宮嶋 特殊部隊は来ていませんでした。護衛のために自衛隊を派遣する法的根拠がないからだと自分らは聞いています。それならSAT(警察の特殊急襲部隊)はいいのかという議論があったと思いますけどね。

伊藤 首相の警備で特殊部隊を使う場合、隊員を一時的に外務省に出向させて首相に同行させるとか、方法はあると思います。駐在武官(防衛省から外務省に出向した自衛官、諸外国にある日本大使館などに駐在し、防衛に関する任務に従事)と同じ扱いにして随行させればいいんです。駐在武官は丸腰ですが、いざというときは現地にある武器を使えばいい。

宮嶋 正確には防衛駐在官になりますね。

伊藤 そういうかたちですね。外務省に出向でも、内閣に出向でもいいと思うんです。

宮嶋 訪問で内閣の支持率が五パーセントぐらい上がったといいますから、首相本人としては行ってよかったんでしょうね。

伊藤 現地で報道統制はあったんですか。

宮嶋　フリーランスの私にはまったくありませんでした。ただ、同行記者にはあったはずです。何時何分に情報解禁みたいなものが。

伊藤　宮嶋さんと同じように、私も一週間ほどでロシアが勝利すると予想していたので、なぜこんなにウクライナが持ちこたえているのかが不思議でした。入ってくるのはウクライナの情報が多く、ロシア側の情報の少なさが気になりました。夫婦喧嘩ではありませんが、双方の言い分を聞かないと真実はわかりませんから。

宮嶋　ウクライナ侵攻に対する自衛官の反応はどうでした？

伊藤　自衛官も情報ソースは民間人とほとんど一緒です。「ロシアと断固戦うべき」「なぜウクライナはこんなにもつのか」「ロシアはどこまで本気なのか」など、いろいろな意見があったと思います。

　ウクライナ侵攻を見ていて感じたのは、私がかつていたフィリピンのミンダナオ島で感じたことと同じで、両者に共通しているのは、自分の庭を守るほうが侵入するほうより強いということです。

宮嶋　たしかに「われわれの土地で戦う」という覚悟は、戦況を左右しますよね。コソボでもセルビアでも、守るほうは強い。

ウクライナ特殊部隊ＫＯＲＤ

ウクライナ特殊部隊ＫＯＲＤ。引き金に指がかからないよう伸ばしている

宮嶋　この写真に写っているのは、ＫＯＲＤというウクライナの特殊部隊です。特殊部隊員なのに部隊名を貼っているのはどうかと思いますが（笑）、名札がアルファベット表記なのは、ＮＡＴＯ軍（北大西洋条約機構加盟国により編成された連合軍）と一緒に訓練しているということなんです。ウクライナ侵攻以前からでしょうね。

伊藤　これは貴重な写真ですね。

宮嶋　写真をよく見ると、

ヘルメットもインカムも含めてアメリカ製です。無線もモトローラでしたし。

伊藤　この写真はウクライナが持ちこたえた理由を示していますね。これでは現地で新兵訓練をしているようなロシア兵が一〇〇人いても、この特殊部隊の一人には敵わないでしょう。それくらい高度な軍事訓練を受けていることがわかります。立ち姿勢から指のガンハンドリングから、一般の兵士とは全然違う。

宮嶋　たしかに指先ひとつですごさがわかりますよね。

伊藤　衝撃ですよ。これは明らかに西側の戦術思想が入った特殊部隊です。アメリカの匂いがものすごくします。

宮嶋　伊藤さんから見て、KORDのレベルはどうです？　グリーンベレー（米陸軍特殊部隊）くらいでしょうか。

伊藤　あまり高いレベルではありません。この写真だと、銃の引き金部分に指を入れていない。特殊部隊のレベルが上がると、指を入れておくようになるんです。レベルが低いうちは銃の暴発を防ぐために、トリガーガード（引き金の周りを囲む安全部品）の中に指を入れるなと教えます。この写真の人が指を出してるということは、特殊部隊でもそれほど高いレベルではないということでしょう。

宮嶋　プロはそこまでわかるんですね。バンクシーが壁画を残したことで知られるボロディアンカという町にロシア軍が侵攻し、ひと月もたずに撤退しました。そのときにこのKORDが、背中のランチャーでロシアの戦車をやっつけていたんでしょうね。

伊藤 なるほど。そのKORDは何人ぐらいの部隊なんでしょうか。

宮嶋 かなりいると思うんですが、正確な数字は私なんかにはわかりません。

伊藤 それも軍事機密でしょうからね。

宮嶋 核の放棄と同時に徴兵制も廃止していたウクライナは、ロシアによるクリミア併合（2014年）を契機に徴兵制を復活させました。このとき特殊部隊を含む軍隊にも発想の転換があったんでしょう。クリミア併合のときにウクライナの大統領だったヤヌコーヴィチが、とんでもない腐れ大統領で。

伊藤 大邸宅に住む、汚職がすごい人でしたね。

宮嶋 そしたら彼はロシアに亡命したんですよ。汚職に加え、クリミアをロシアに売り渡したことで、後にヤヌコーヴィチは有罪判決を食らいました。その後ですよ、ウクライナが徴兵制を復活したのは。

伊藤 徴兵制にすると、一〇〇人に一人くらいはまともなやつが来ますからね。

宮嶋 身体能力が高い人材を選んで育成していたんでしょうね。ロシアによるクリミア併合以降、こっそりとNATOと協力しながら。

伊藤　米軍やＮＡＴＯの教育を受けたなら、ＫＯＲＤには英語がわかる隊員が多いのでは？

宮嶋　英語を話す軍人は、ロシア軍よりウクライナ軍に確実に多いです。

伊藤　銃もアメリカ製のＭ４（アサルトカービン）ですね。安くて使いやすいロシアのＡＫ（ＡＫ－47、世界で最も多く使われた銃として、ギネスブックに登録）ではなくＭ４を持っている。ここからもＫＯＲＤがアメリカの影響を強く受けていることがわかります。

宮嶋　銃と言えば、ロシア軍がまだキーウから二〇キロ付近にいた頃、大統領府のすぐ下にあるホテルに滞在していたら、そこのレストランには小銃を肩に掛けたまま飯を食う私服客がたくさんいたんです。「頼むからここを攻撃せんといてくれ……」と祈る光景でしたよ。

伊藤　なるほど。ＰＭＣ（Private military company　民間軍事会社）の人たちなんでしょうか。

宮嶋　どうでしょう。軍服を着ていなくとも、それらしい人は食堂にいました。

伊藤　そのときの写真は……？

宮嶋　撮れませんでした。怖くて。カタログでも見たことのない銃がいっぱいあって、多国籍軍状態でした。

伊藤　それもぜひ見たかった（笑）。

新しい戦争のかたち

伊藤　宮嶋さんはいろいろな戦場を取材してきたと思いますが、今回のウクライナはこれまでの戦争と違いましたか？

宮嶋　ええ。まず今回のウクライナ戦争は、ほかに比べると善悪のはっきりした戦いです。ロシアがウクライナを侵略している構図は明白です。もうひとつはドローン（無人機）を使った新しい戦争の様相です。ウクライナ軍のドローン偵察小隊に三日間従軍しましたが、「これが二十一世紀の戦争か」と実感しました。

伊藤　ロシア側もドローンは使ってますよね。

宮嶋　ええ、当然向こうも。

伊藤　現場はどんな感じですか。

宮嶋　もうテレビゲームのような感覚です。手元の端末でドローンを操作して敵を探し、見つけ次第攻撃します。簡単なようですが、互いの電波を探り合うので、こちらも狙われています。偵察部隊は敵と味方の中間地点にいますから、もし敵に見つかると頭越しに両方の弾が飛び交います。

伊藤　攻撃ボタンはノートパソコンで押すんですか。

宮嶋　押すのは司令部です。ドローンの映像はスターリンク（イーロン・マスクのスペースXが運営している衛星インターネットアクセスサービス）経由で、現場と司令部の両方が見ています。「間違いない。敵だ」となれば、司令部が迫撃砲や戦車に攻撃を指示します。

私がいた偵察小隊ではドローンをセットする際、小隊長が「イーロン・マスクに感謝する」と言っていました（笑）。おちゃらけてましたけど、士気は高かったですね。

伊藤　ドローンから直接攻撃することもあるんですか？

宮嶋　ええ。自爆型、攻撃型のドローンもあります。下にいる部隊はドローンが近くに来れば気づきますが、遠くだとほとんどわからないようです。ドローンが撮影している映像はタブレットの画面に表示され、「もうちょっと左だ、前だ」と着弾観測しながら攻撃します。結果もドローンから見えるので、命中すると単純に喜んでました。

伊藤　その瞬間はたしかに嬉しいだろうなあ。

宮嶋　小隊長は私には「隠れろ」と言うくせに、命中すると塹壕から身を乗り出してくわえタバコのまま喜んでました（笑）。

伊藤 ドローンの弱点はあるんですか？ 雨とか風とか。

宮嶋 風はまだしも、雨が降ったらもう全然ダメですね。浮力が全然得られなくなります。

伊藤 なるほど。宮嶋さんの写真を見ると、ドローンの操作はスマホですよね。戦場にスマホが必需品になっているとは驚きです。

ドローンを駆使するウクライナ軍の偵察小隊

宮嶋 私も同感です。スマホと言えば、検問で見せるプレスカードもデジタルでした。ゲートでスマホを見せて検問を通過するんです。いまのウクライナでは、世界最先端の戦争が繰り広げられていると言ってもいいでしょう。ここで使われた技術は、ほかの戦場にも拡大していくでしょう。これからは特殊部隊が突入する前にドローンがターゲットのいる室内を目指すような、新しい戦争になっていくのかもしれませんね。

ウクライナの巻き返しを支えたもの

伊藤　プーチン大統領は、北京冬季オリンピックとパラリンピックの間の一週間でウクライナを攻略する予定が、大幅に狂ってしまった。

宮嶋　要はキーウを落とせなかったからでしょうね。

伊藤　ゼレンスキー大統領の存在が大きかったでしょう。

宮嶋　あれは意外でした。ゼレンスキー大統領があんなに頑張るなんて、とても予想できませんでした。ロシア軍に三方から包囲され、首都キーウまで二〇キロに迫られたとなれば大統領が逃げてもおかしくない。

伊藤　私個人は、侵攻当初から米英の大きな協力があったのではと考察しています。だからウクライナ軍が持ちこたえる確信を持てた。

宮嶋　多分、戦争広告代理店のような連中が「大統領、いま逃げちゃダメだ」と言っていたんでしょう。

伊藤　ゼレンスキー大統領は、首都から二〇キロまで敵に迫られた恐怖を感じつつも、戦うべきだと考えたんでしょうね。

宮嶋　あのときの大統領の精神的なプレッシャーは相当だったと思います。ロシアに捕まったら拷問やら死刑やら、壮絶な最期が待っているのは間違いありません。元芸人でしゃべりがうまいとか、髭面が男らしいとかいろいろ言われていましたけど、逃げずに戦う覚悟があったと思います。ゼレンスキー大統領は自分がどこにいるかを最後まで明かしませんでしたが、大統領府にはいなかったと思うんです。もしいたらとっくにミサイルぶちこまれていますから。サダム・フセインのように。

伊藤　国内にいたかどうかもわからない。

宮嶋　そういう噂もずっとありました。ウクライナの人はそんなものですよ。ゼレンスキー大統領に忠誠を誓っているのかというと、そうでもない。

伊藤　細部まで演出された大統領のメッセージは多くの人の心を動かしているように感じましたが、ウクライナ人は違うんですか。

宮嶋　肌感覚で言ったら「大統領も頑張ってるから、うちらも頑張ろうか」というレベルですね。

伊藤　どのあたりからゼレンスキーは自信を持ったんでしょうね。

宮嶋　ロシア軍を首都キーウ近郊から撤退させた頃からだと。それでも最初の一カ月は、とてつもない恐怖だったでしょう。

伊藤　一年もつと思わなかったですね。

宮嶋　そうですね。いまでは少なくとも負けることはないとウクライナ国民は思っています。避難先から帰国する人が増えているのは、そのせいでしょう。

伊藤　ウクライナ軍の巻き返しは驚きでした。宮嶋さんから見て、要因はなんだと思います？

宮嶋　ロシア軍の補給に破綻があったことは大きいと思いますが、私から見る限りジャベリン（FGM－148、歩兵携行式対戦車ミサイル）の脅威でしょうね。ジャベリンに破壊された戦車の残骸は、ロシア軍に「都市部へ行ってもやられるだけだ」という恐怖を確実に生じさせるのに充分だったでしょう。

もうひとつは対空ミサイルのスティンガー（FIM－92、携帯式防空ミサイルシステム）などでしょう。航空兵力であれだけ優勢なロシアが制空権を取れないのは、対空ミサイルがウクライナには充分あるからです。プーチン大統領は空軍には素人ですから、空軍に攻撃を要求しているかもしれませんが、司令官は「いま行ったら確実に撃墜されます」と抵抗しているのでしょう。スティンガーにどんどん撃ち落とされれば、アフガンの悪夢

爆薬が抜かれたリアクティブ・アーマー

が蘇ったパイロットは「もう僕、嫌です」となるはずです。

伊藤 宮嶋さんが撮った、ジャベリンに破壊されたロシアのT－72戦車（１９７３年に採用された主力戦車）の写真は衝撃です。

宮嶋 ジャベリンはトップアタックで砲塔の上部から当たって、下に向かって高熱を噴き出すんです。T－72は車体の底に弾薬庫があるので、そこに誘爆するとＰ７の写真のように砲塔が吹き飛ぶ。赤外線映像で一回ロックオンすれば、戦車が動こうが何しようが命中します。ジャベリンにはトップモードとノーマルモードがありますが、上部の装甲の薄いT－72戦車にはトップモードを使います。発射ボタンを押すとミサイルがシューッと真っすぐ飛び出し、やがて上昇、目標の近くになると、直下に落ちて命中。もうこうなったら、戦車の中にいる兵士は助かりません。

Ｔ－72などにはリアクティブ・アーマー（爆発反応装甲）が備わっており、そこには爆薬が入っていて、徹甲弾が当たるとその爆薬が爆発し、徹甲弾の貫通力を半減させるんです。

しかしこの写真では、なぜか空になっているのがわかると思います。

伊藤　リアクティブ・アーマーの中に爆薬が入ってない？

宮嶋　入ってないんですよ。多分ロシア軍の将軍が、中に入るはずだった爆薬の予算を自分の懐に入れたんじゃないかと。戦車兵は、まさか中が空とは思わないでしょう。現場でこれを知ったときのショックたるや……。

伊藤　察するに余りありますね。「俺たちの命ってこんなもんなのか」と。横領した金は、将軍が飲むウォッカに換わったんでしょう。

まざり合う正規軍、ＰＭＣ、義勇兵、傭兵

宮嶋　日本のメディアに「ワグネル」（エフゲニー・プリゴジンが創業、２０１４年から活動）がよく出てきますが、現地ではまったく聞こえてこなかったですね。ガラの悪さで

知られるワグネルですが、彼らは所詮ＰＭＣです。日本のメディアはワグネルを過大評価しすぎという気がします。ロシアにはワグネル以上の精鋭部隊もあるのに、なぜかそっちは話題にならない。

伊藤　ワグネルとは接点がなく、ＰＭＣはアメリカ、イギリスしか知りませんが、私の知る限り正規軍というのは弱いんです。正規軍の中からまともなやつを金で釣って、強い軍隊を作るのがＰＭＣの発想です。アメリカのＰＭＣは、米軍より遥かに経験も知識もあるやつらで構成されています。

アメリカのＰＭＣは、戦死を損害にカウントしないために作ったと言われています。国軍に戦死者が増えると国民の間に厭戦気分が広がりますが、ＰＭＣの戦死なら公になりにくい。また米軍があまりにも弱い場合、尖兵をさせる選り抜き組織を作ってきたことも、ＰＭＣの誕生に一役買っています。ＰＭＣは一応会社組織で、中には作戦を立てる人や最前線に行く人、通信を確立する人や情報を送る人など、様々な役割があるという感じですね。

宮嶋　いまだったらドローン専門の人もいるのでは。

伊藤　そうでしょうね。

宮嶋　私はＰＭＣに、各国の精鋭部隊から来た人間というイメージを持っています。映画にもそういうのを自慢するシーンがありますよね。「俺はＳＡＳ（英陸軍特殊空挺部隊）出身だ」とか。

伊藤　ＰＭＣは自分の腕を現金に換えられるやつらですから、公務員的な正規軍と違って報酬と引き換えに人を殺す。一般の人たちには同じような兵隊に見えても、ＰＭＣと正規軍には大きな差があります。

宮嶋　そういえば、ワグネルはロシアの囚人も使っていると言われています。

伊藤　それなら民間組織を使うのではなく、国家権力でやればいいのに。

宮嶋　小銃とランチャー程度かと思いきや、ワグネルは戦闘機まで持っています。エグゼクティブ・アウトカムズ（かつて南アフリカにあった世界初のＰＭＣ、１９８９年創設）も戦闘機を持っていたと言いますが、ＰＭＣが戦闘機まで持っているなんて、正規軍との関係はどうなっているのかと。

そういえば傭兵も金で雇われますよね。ＰＭＣと傭兵の違いはどういうところでしょうか。

伊藤　私の感覚だと傭兵は、祖国に帰ってもやることがない人間ですね。傭兵として他国の正規軍に所属しても、最低の立場でほぼ給料は出ません。なぜなら正規軍の中で傭兵は最低の立場だからです。不思議なことに、彼らはなぜか自分の国の軍隊には入らない。むしろ自国を何かの理由で追われた人間です。傭兵というのは本当に捨て駒で、「やりたい人、集合！」で集まったようなやつらですから、選抜されて高給をもらうPMCとは明らかに異なる人間ですね。

宮嶋 なるほど。そうなるとワグネルは傭兵レベルの連中を集めているのかもしれないですね。私の知っているPMCは、中東のブッソウな地域で兵站《へいたん》や輸送を担っていました。戦場でもコスパを考えると、正規軍よりPMCになるシーンがあるんでしょうね。

伊藤 そうですね。有名なPMCのブラックウォーター（アメリカを代表する民間軍事会社、1997年創設）は、収集した情報を最前線にいる米軍に送っていましたから。

宮嶋 そういえば正規軍は傭兵をどう見ているんですか。

伊藤 半端者ですね（笑）。「おまえ、自分の国のために仕事しろよ」と思われているでしょう。PMCではダメなやつはクビになりますが、傭兵なら正規軍に参加できてしまう。

宮嶋 映画『ワイルド・ギース』（1978年公開、監督：アンドリュー・V・マクラグレン）もそんな傭兵が主人公でしたね。

伊藤 また古い名作を（笑）。

宮嶋 ワイルド・ギース（野生の雁）は、傭兵の別称らしいですよ。正規軍が傭兵をどう見ているかがよくわかります。ウクライナには他国から来た義勇兵もいました。ウクライナ軍に参加している義勇兵ではジョージア出身者が有名ですけど、日本からも一〇人ぐらい行っているようです。

伊藤　現地ではどう受け取られているんですか？

宮嶋　私が取材した日本人義勇兵は一人だけですが、非常に好意的に受け入れられていました。その方は元自衛官で、向こうでウクライナ人女性と結婚しました。詳しくは言えませんが、日本を離れてからしばらくして、最終的にウクライナに渡ったようです。「家族のために戦っています」と言う通り、いまでは彼は完全にウクライナの兵士になっています。

彼によれば「米兵はダメだ」と。義勇兵の中でも米兵は独りよがりだったり和を乱したり、いろいろあったようです。

伊藤　ではその人は、義勇兵からウクライナの正規兵になったんですか。

宮嶋　はい。現在は日本国籍のウクライナ軍人です。

伊藤　ジョージア出身の義勇兵はどうです？

宮嶋　キーウに独立広場があるんです。ここにロシア軍が来たらウクライナは終わりだという象徴的場所です。そこに今回の戦争で死んだ人数を示すウクライナの旗が立っているんですが、外国の旗もぽつぽつありました。その中で多いのがジョージア。アメリカやスウェーデンの旗もありました。日本の旗はなかったんですが、実は義勇兵として参加した元自衛官の日本人が一人戦死していますす。あまり報道されていませんが。

「日本人は北方領土をいつ取り返すんだ？」

伊藤 ウクライナの日本人に対する感情はどうです？

宮嶋 ウクライナは非常に親日的で、日本に親しみを感じていると思います。若い人には日本のアニメ文化が浸透していますね。ウクライナで取材した二十一歳の女性が好きだったのが、漫画『ゴールデンカムイ』（野田サトル、集英社）なんですよ。最近完結したそうなんですが、すでにラストシーンを知っていました。私が「作品は知っているけど、結末は知らない」と言うと「え、なんで日本人なのに知らないの？」って（笑）。

伊藤 日本の漫画が好きだとは。

宮嶋 大好きみたいです。あとホテルのバーテンダーの女性が腕にタトゥーを入れていたんですが、よく見るとそこには漢字と平仮名で「気にしない」とありました。

伊藤 えっ？

宮嶋 日本語に憧れていたんでしょうね。「これどういう意味か知ってるの？」と聞いたら「ドンマイ」と答えて笑ってました。

伊藤　彫り師に騙されたんでしょうか（笑）。

宮嶋　あとは北方領土問題ですね。「日本はクリル（北方領土）をいつロシアから取り戻すんだ」と聞かれます。クリル（Курильские）とクリミア（Крымский）は同じ「K」で始まるよく似た地名ですから、印象に残るんでしょう。こちらは「いや、そのうち。some day」と言うしかありません。けっこうな田舎でも聞かれましたから、そういう教育もしていると思いますよ。「ロシアが侵略しているのはクリミアだけじゃありません。日本でもやってます。それはクリルです」とか。

伊藤　ウクライナの人たちは、北方領土問題も知ってるんですね。

宮嶋　はい。ウクライナでは、領土や独立に対する意志を強く感じました。最も強烈だったのはステパーン・バンデーラという、ウクライナ民族独立の英雄のことです。強いてたとえると、安重根《あんじゅうこん》（朝鮮の独立運動家で、１９０９年に伊藤博文を暗殺した）でしょうか。安重根は日本にとってはテロリスト、韓国にとっては英雄みたいな人物といえます。

バンデーラは先の大戦中、ナチスドイツと組んで、反ソ連のウクライナ義勇軍を立ち上げました。ナチスと手を組んででもソ連と戦ったウクライナ民族独立の英雄は、ロシアにとってはとんでもない敵です。ウクライナには、彼の写真や肖像画がたくさん貼ってあります。

伊藤 日本にウクライナが期待することってなんでしょうか？

宮嶋 日本に武器は期待していないですね。日本が他国に武器供与できない事情をわかっています。資金援助や地雷処理などの人道的な貢献について、日本政府と交渉していると思います。

伊藤 地雷除去をしている人には、自衛隊のOBが多いですね。JMAS（日本地雷処理を支援する会、2001年設立）という組織は、カンボジアでも地雷除去の作業をしました。

宮嶋 日本がウクライナに貢献できることとは、たくさんあると思います。あとはボランティアでしょうね。でも現地で活動する日本のボランティアの中には、あんまり評判がよくない方々もいるんです。ウクライナへの支援より、自己満足の追求が見えてしまう。混乱している場所には、いろいろな人が集まるものです。

ウクライナ侵攻から日本は何を学ぶべきか

伊藤 現地を見てきた宮嶋さんにとって、ウクライナ侵攻から日本人が気づくべきこと、考えなきゃいけないことはなんでしょうか。

宮嶋　やっぱりさっき言った食料の大切さ、日本の食料安全保障ですね。ロシアという大国にこれだけ侵略されても戦えるのは、食料の心配がないからだと思います。

伊藤　たしかに宮嶋さんが撮った現地の写真には、戦時下でも食料の豊富さを示すものがいくつもあって驚きました。マーケットに新鮮な野菜がいっぱいありましたね。

宮嶋　ええ。輸入しなくても国内に十分な食料があって、それが安いのは国力のひとつです。もし食料が足りなければ、ウクライナはいまの戦況を維持できないと思います。国民も食料の大切さを実感しているのか、ビュッフェスタイルのレストランに「食料は武器だ」というスローガンがありました。貴重な食べ物を無駄にしないようにということですね。あ、でもウクライナ人はコーヒーが大好きなので、それだけは輸入してるかな。

伊藤　ウクライナではほとんどの食料を自給できているから、戦時下でもコーヒーを輸入する余裕があるということでしょうね。

宮嶋　日本が有事になったらどうなるか。海上封鎖で、一番堪《こた》える物資は食料ですよ。日本の食料自給率四〇パーセントは、ほぼ一カ月経ったら底をつくレベルです。

伊藤　備蓄もそんなにもたないですよね。

宮嶋　昭和20年の大戦末期のような食料危機になれば、都市の住民はまた農家に物々交換に行かざるを得ないでしょう。現代の女性なら、着物ではなくヴィトンやエルメスのバッグを差し出すかもしれませんよ。

伊藤 たしかに島国の日本が海上封鎖されたらどうなるのか、その恐ろしさを多くの日本人が理解していないように見えますね。

宮嶋 ほんとそうですよ。有事の食料危機のことなんて、恐ろしくて考えたくないから現実逃避しているのかとすら感じます。日本にはどんなリスクがあるのか、もっと気づいてほしいですね。

伊藤 私の父は通産省だったんです。父は十八歳で敗戦を迎え、多くの国民同様、物の無い時代に苦労した人でした。父は戦後、「農業を工業化する」と張り切っていました。現代の農業や畜産は、きっちりと管理された生産で、工業製品のようになっていますよね。狭い国土の農業や畜産に効率化が必要なのは、一理あると思いますが……。

宮嶋 日本は肥料も輸入に頼っていますから、いざというとき困りますよね。あんなに戦中戦後、食料で困ったのに喉元過ぎたら忘れるんでしょうかね。

伊藤 だいぶ前に米も自由化され、いまは加工食品なら原材料が輸入米であることも珍しくないですしね。

宮嶋 大陸にある国は地続きの隣国から食料を調達できますが、島国の日本は船が通れなければ物資は一切遮断されますから深刻です。中国は絶対食料を武器にしてきますよ。すでに日本は中国野菜漬けですから、中国に「輸出しないぞ」と言われたら要求を呑むしかないかもしれない。

伊藤　食料を人質にされたら、戦争する前にアウトですよね。

宮嶋　エネルギーも深刻です。東日本大震災のときも日本人は思い知ったはずなのに、生活を支える物資がどうやって運ばれてくるのか無関心ですよね。有事になってから対処していたら、間に合わないことがたくさんあると思います。

国際社会の支援は、自国を守る国民の気概があってこそ

宮嶋　もうひとつ日本人に気づいてほしいのは、自分たちが戦う気概を見せなければ、外国からの支援はないということです。ゼレンスキーが「俺たちはやるぜ」と言ってるから、欧米各国が「じゃあ武器を出しましょう」となるわけです。有事になれば自衛隊は頑張るでしょうが、われわれ日本人が「戦うのは嫌だ」と言ってしまったら、国際社会は「じゃあ助けないし、武器も送らない」となりますよ。その辺も今回のウクライナから学んでいただきたい。

伊藤 ウクライナに戦う覚悟があるなら支援するというのは、その通りでしょうね。今回の国際社会の対応を見ていると。

宮嶋 国際社会はきれいごとだけですみませんから、ウクライナのようにＮＡＴＯに興味を示している国をロシアが獲得すれば、ＮＡＴＯ諸国にとってロシアの脅威は増すどころか、世界にロシアの覇権を示すことになってしまう。だから、何が何でもＮＡＴＯはロシアを食い止めたい意志があると思うんです。

伊藤 絶対あると思いますね。

宮嶋 歴史を少し遡ると、ソ連崩壊後のウクライナ領内には、ソ連製の核兵器が大量に配備されていました。ところが１９９４年の「ブダペスト覚書」によって、ロシア、アメリカ、イギリスの三カ国は核兵器の放棄と引き換えに安全を保障するとウクライナに約束しました。あのとき核を放棄させたことが、今回の侵攻につながったという負い目が欧米にあったのかもしれません。

伊藤 西側諸国にはいろいろな思惑があるでしょうね。宮嶋さんのように実際にウクライナの現地に行った人が、ウクライナ人の戦う覚悟の力を語ることの重要性を感じます。自分たちに国を守る覚悟があり、それを国際社会に見せなければ支援はないということを、日本人は理解し考えるべきですね。

2014年のウクライナ。武装したロシア民兵により丸腰にされたウクライナ警察官

宮嶋　日本のテレビが、日本へ逃《のが》れてきたウクライナ難民の女性にインタビューしたとき、彼女は「ウクライナは戦い、勝つわ」と言ったのに、「平和を望んでいます」という翻訳で放送されたことがありました。国外に避難した難民を含め、ウクライナの国民は自国の勝利を強く信じています。ウクライナの世論調査でも、国民の八割ぐらいが「いまロシアとの和平はいらない。和平するなら戦って領土を奪回してから」と言っていますが、日本でこういう報道はあまりされません。岸田首相の必勝しゃもじの贈呈はバッシングするのに（笑）。

伊藤　ウクライナ国民の戦う覚悟は、クリミア併合を契機に強まったんでしょうか。

宮嶋　それはあると思います。ロシアによるクリミア併合直後の大統領選挙のときも大荒れの現地にいたんです。あのときの親ロシア派側は、取材に協力的だったのを覚えています。この写真はウクライナ人の財閥の家です。「あいつは選挙で不正をしている」と言って、親ロシア派の民兵が包囲しているところです。ウクライナの警察は丸腰で、周りの親ロシア派の民兵が武装しているのがわかりますか？　ウクライナなのに主権は親ロシア派民兵のほうにあったんです。

ウクライナがロシアにあっけなくやられたこの頃を思うと、いまのイケイケのウクライナは信じられません。徴兵制もそのとき復活していまはやる気満々。クリミアをむざむざ奪られたのが、相当な屈辱だったんでしょう。そこから少しずつＮＡＴＯや欧米諸国とくっついていったのではと思います。

伊藤　ロシアはウクライナの変化に気づかなかったんでしょうか。

宮嶋　気づいてもなめてたから攻めこんだんでしょうね。一週間で占領するつもりが反撃にあい、キーウから撤退、プーチン大統領は都合のいい情報しか持ってこなかった連邦保安庁（ＦＳＢ、１９９５年設立、ソ連国家保安委員会ことＫＧＢの流れを汲む）や軍の情報部幹部を大量にクビにしています。

伊藤　それってものすごく大きな変化ですよね。日本でたとえると米軍との関係を切って、ロシアと手を組むようなことですから。自衛隊の武器や戦闘機もロシア製になりますし。

宮嶋　多分、ゼレンスキーの先代の大統領が水面下で交渉をはじめたのでは。ポロシェンコという元チョコレート会社の社長ですけどね。

伊藤　ウクライナがクリミア併合から八年間で変わったというのはすごい。巧妙にロシアを騙しつつ、ウクライナ国民の気持ちの舵《かじ》取りをガーッと変えたわけですからね。ウクライナが八年でできるなら、日本だってできますね。

終わりが見えない戦争

伊藤　現地では、この戦争は長引くと思っているんでしょうか。

宮嶋　思っていますね。難民として国外に出た人たちは、長引くなら一度帰国しようと思い始めています。戦時下のウクライナでは、十八歳から六十歳までの男性は国外に出られないんですが、最近は例外を適用し医療関係者や報道関係者は一部ＯＫとなりました。これは他国の支援を得るために、許可しているんです。

伊藤　ウクライナ政府も長引くと考えている？

宮嶋　ええ。それに伴って、今後は対外的な諜報活動や爆破事件が増えていくでしょうけど。

2014年ノルマンディー上陸作戦記念式典でのプーチン大統領。右はメルケル独首相

伊藤 現地の外国人ジャーナリストはどういう予測をしていますか。

宮嶋 取材費に余裕があり現地に支局を構えている彼らは、われわれより詳しい情報を持っているんでしょうけど、同じように「長引く」という読みです。ロシアにとっては間違いなく泥沼でしょう。

伊藤 そうなるとまだまだ続きそうですね。

宮嶋 ロシア国内から大規模な反戦運動が起こる可能性も、いまのところまったくありません。プーチンがあれだけ政敵を消していますから。ロシアでは、ウクライナ侵攻の熱烈な支持者とすでに諦めている国民に二極化しているようです。

伊藤 爆撃機を出しても、スティンガーで撃ち落とされますしね。パイロットにも度胸はない。

宮嶋　残されたチャンスは核の使用でしょうけど、使ったらロシアは終わりですからね。

伊藤　そうなるとどちらも勝ちはないし、負けもない。欧米諸国の支援で持ちこたえる術を確立したウクライナを、ロシアは攻め切れないんでしょうね。私はこう考えるんです。ウクライナの本気がロシアを攻めさせない。守る側が本気になったら、侵すほうは攻め切れない。充分な食料と祖国を守るため戦う勇気さえあれば、国を守ることができることに希望を感じました。

宮嶋　そうですね。まさにウクライナの民が見せてくれたことですね。

章

自衛隊はいかにあるべきか

――銃の性能よりも使う人間の能力のほうが気になります（伊藤）

二人が自衛隊を〝選んだ〟理由

宮嶋　私が最初に自衛隊を取材したのは、三十年以上前になります。男の子として、小さい頃からプラモデルを作り、戦車や戦闘機は興味がありましたが、仕事で自衛隊を撮ろうと思った理由は、二三万人の戦闘集団である自衛隊に対する国民の関心があまりにも低かったことです。これはいかん、誰かが伝えなくてはと思いました。

伊藤　最初はどこを取材されたんですか。

宮嶋　１９９１年にペルシャ湾に派遣された掃海部隊です。湾岸戦争で多国籍軍が勝利した後、イラク軍がペルシャ湾全域に敷設した機雷を除去するために、自衛隊の掃海部隊が派遣されたんです。自衛隊と同じ船に乗って「ガルフ・ドーン（湾岸の夜明け）」と命名された作戦に二週間ほど同行しました

伊藤　最初の取材でいきなり二週間もですか。船はなんでした？

宮嶋　補給艦の「ときわ」です。ペルシャ湾の掃海作業をしながらＭＤＡ－７（海域名、マインデンジャーエリア）まで行った後、掃海母艦の「はやせ」に乗り換え、最後は掃海艇に乗りました。「ときわ」に乗ってる時間が一番長かったです。

伊藤　なんという偶然。その「ときわ」の航海長は、私の教官でした。非常に優秀な方です。覚えてないですか？

宮嶋　艦長の両角《もろずみ》1佐は覚えています。航海長はじめ知りあいはいっぱいできたのですが、どうもいま思い出せません。そのときは日本にとって、戦後初の実動部隊の海外派遣でした。初めての実動任務、しかも湾岸戦争が終わった直後の機雷掃海任務でした。

伊藤　船にはいきなり乗れたんですか。

宮嶋　乗艦取材申請はすでに済ませていました。当時、日本は湾岸戦争に莫大な金を供出したのに、国際的にはまったく感謝されなかったことに対する世論の怒りのようなものがありました。

1991年ペルシャ湾に派遣された海上自衛隊の掃海艇

日本政府としては、なんとか人的貢献をしなければということだったんでしょう。そこで海上自衛隊を機雷掃海に派遣することになり、その現場を取材するわれわれも文字通り渡りに船とばかりに。めったに行けないＭＤＡでの実任務を取材できました。

伊藤　いきなり海外任務地に自衛隊と一緒に行ったんですね。取材ではどんなものを撮りたかったんですか。

宮嶋　僕は基本的に「人」です。現場で活躍してる人たちに興味がありました。その辺はミリタリー好きの人たちと違うところでしょうね。一回目のペルシャ湾取材で印象に残ったのは、指揮官の落合畯《たおさ》という人物です。苗字が違いますが、お父上は沖縄戦（１９４５年）の大田実海軍中将なんですよ。有名な軍人の息子だからこそ、初めて尽くしの任務で指揮官の役目を果たすことは、すごいプレッシャーだったと思いますが、そこは優秀で一三七発の機雷を処分して帰ってきました。

伊藤　けっこう処分しましたね。

宮嶋　船の上でもおもしろい方はいました。ＥＯＤ（水中処分員）に機雷の処分を詳しく聞くと、機雷の周りに鮫がうようよいたこともあって、「足ヒレでちょんちょんと鮫の鼻柱を蹴って追い払うんだ」という感じでした（笑）。

カンボジアPKOに向かう輸送艦で一生分吐いた

伊藤 ペルシャ湾のあとはどこですか。

宮嶋 カンボジアのPKOです。ペルシャ湾のとき以上に、日本の世論は賛成と反対で対立していました。自衛隊としては初の国連PKO、しかも陸上部隊ですからね。自衛隊の海外派遣には、法律的にいろいろクリアにしなければならない調整問題があったと思います。

伊藤 たしかにあのときは、文民警察官とかいうわけのわからないものを作りましたね。

宮嶋 そうでした。カンボジアに着くまでは十九日間かかりました。輸送艦に乗って、呉からコンポンソム（現シアヌークビル）まで。最初は朝日や毎日などの記者がたくさんいたのに、なぜか最終的に乗ったのは私だけ。他の記者たちがヘタレだったのではなく、船がとても小さかったから（笑）。輸送艦「みうら」という二〇〇〇トンの平底の船でした。

伊藤 小さい船ですからね。

宮嶋 たしかにコンポンソムは港の水深がめちゃくちゃ浅いので、派遣する艦も絞られました。

伊藤　船酔いはなかったですか。

宮嶋　酔いましたよ。台風に直撃されて揺れて、一生分吐きました（笑）。でもそれ以降、不思議と酔わなくなりました。砕氷艦「しらせ」に乗ったときも、まったく吐きませんでした。

伊藤　なんという壮絶な体験を（笑）。

宮嶋　あのときは、取材申請に気軽に手を挙げちゃったんです。それで、何度も何度も自衛隊の広報室から意思確認が来るんですよ。「本当に乗るの？　本当に行くの？」と。「みうら」の小さい艦体を目の当たりにしてはじめて意思確認の意味がわかりました（笑）。

伊藤　実は私、その船に乗っていました。宮嶋さんが大変だったのが、よくわかります。

宮嶋　えっ、そうなんですか。

伊藤　護衛艦「みょうこう」のあと、二カ月ほど輸送船団の司令の秘書をやっていたときに乗りました。ちょうど特警隊（海上自衛隊特別警備隊）に行く前ですね。それにしても一生分吐いて船酔いをしなくなったとは、貴重な体質を手に入れましたね。

宮嶋　カンボジアの初の自衛隊ＰＫＯは注目されていたので、現地に総勢三〇〇人くらいのジャーナリストがいたと思います。日本人の記者が悠々と飛行機でやってくる中、船で入ったのは私だけでした。

「昔は健康なら、みな予科練に行ったものだよ」

伊藤　私もちょっと昔のことを話しますね。私は日体大出身なんですが、陸上の特待生だったので、体育教師になることが決まっていました。ところがある日突然、「なんだかつまらなそうだな」と感じました。高校の先生になれば高校生を指導することになりますが、子供ばかり相手にしていたら、自分の人間性が歪んでしまうんじゃないかと不安になったんです。いま思うと先生は子供だけを相手にするわけではなく、同僚も校長も上司もいるんですけど、当時はそんな風に思い込んでいました。自分が納得できないまま、不完全燃焼の人生を送るような気がしたんです。

母方の祖母は、学生の私が悪いことをして警察から戻ってくると、いつも「あんたはかわいそうだね」と言いました。「何がかわいそうなんだ?」と聞くと、「あんたみたいに悪いやつは、健康ならみな予科練（海軍飛行予科練習生）に行ったものだよ。予科練に行けば、世界最高の戦闘機乗りにしてもらって、当時の女学生が一番憧れてる服を着られて、お饅頭ももらえるんだよ」と言うんですよ。お饅頭というのは、お金（給料）のことなんですけどね（笑）。「予科練では躾《しつけ》もしてもらって、お国に奉公できた。予科練はいまないもんね。おまえ、バイクに乗りたいんだろ。若い男はスピード感を味わいたいもんだ」と。

宮嶋　なるほど。

伊藤　学生の頃は「ふーん」と聞いていたんですが、大学卒業を前にしてパッと祖母の言葉を思い出したんです。いまの日本に予科練はなくとも、自衛隊という組織がある。そこに行けば、不完全燃焼だけはないと思いました。自衛隊のことは何も知りませんでしたが（笑）。

宮嶋　伊藤さんが自衛隊を選んだきっかけは愛国心だと思っていましたが、不良少年の更生というか、『あしたのジョー』（ちばてつや、講談社）的なストーリーもあったんですね。

伊藤　いや、そこまですごい話ではないです（笑）。

宮嶋　お父さまは軍人とうかがっていますが、その影響はなかったんですか？

伊藤　いま思えばあるんでしょうけど、当時はないと思ってました。自衛隊を志したきっかけは祖母です。祖母には戦争の話もいっぱい聞きました。祖母は、軍隊が憧れの対象で大好きなんですよ。一方、私の父は陸軍中野学校（諜報、謀略、防諜活動のための工作員養成を目的に作られた秘密戦学校）出身なのに、「軍人はろくなもんじゃない」「軍人はバカばっかり」「戦争に負けてよかった」と言っていました。父の影響は受けていますが、父に言われたから自衛隊へ行ったということはないと思います。

宮嶋 そうだったんですか。海上自衛隊を選んだ理由は？

伊藤 最初、自分は体は丈夫なので戦闘機パイロットだろうと直感的に考えていました。祖母の兄も日本最初の戦闘機パイロットだったんです。でも、ふと自分が現役の三十過ぎになった頃には、人が乗る戦闘機はなくなるんじゃないかと考えたんです。

宮嶋 無人戦闘機の時代が来ると。

伊藤 結果的に外れたんですけどね（笑）。でも長い目で見れば、無人戦闘機は実現するでしょうね。

宮嶋 たしかにドローンの時代が来ていますからね。

伊藤 それでもう飛行機はないだろう、それなら陸上自衛隊かなと。でも、先の戦争で日本は本土決戦ができなかった。だとするとこの国を守るには、空か海で止めなければと思いました。しかし陸上は敵が上陸するまで仕事がない。それなら海しかないと。消去法で残ったのが海上自衛隊でした。

初めての自衛隊の取材は女子マラソン選手

伊藤 宮嶋さんのお父さまはどんな方だったんですか？

宮嶋　父は戦争中、川崎航空機で戦闘機を作っていました。十四歳から小坊主として働き出したらしいです。当時は若くても正社員だったそうです。父もプラモ好きだったので、親子揃って戦艦大和や零戦を作ったりしてました。父は日本の戦闘機を好んで作っていましたね。

伊藤　自衛隊に興味を持つ環境ですね。

宮嶋　そうですね。実際、戦後は父は川崎重工でF－86（ブルーインパルス初代機体）の戦闘機のエンジンを造っていましたから、自衛隊のイベントによく行きました。男の子ですから、戦闘機を見れば「単純にかっこいい！」と感動していました。まあ、好きが仕事になったと言えますね。

でも自衛隊相手の仕事には、兵器とまったく関係ないものもありました。「人」にフォーカスした初めての取材は、夫が自衛隊員でマラソン選手の佐々木七恵さん（1984年ロスアンゼルスオリンピック女子マラソン日本代表）さんです。

伊藤　ああ、佐々木さんっていらっしゃいましたね。宮嶋さんは世界各地を取材するようになったと思いますが、すごいのは南極にまで行ってることですよ。

宮嶋　南極は戦場と違う意味で、すごい世界でしたね。新聞やテレビはペンギンちゃんだとか、オーロラだとかそんなのばかりですが、実は南極の基地内の人間関係がおもしろいと知り、取材したくなったんです。

砕氷艦「しらせ」に乗った途端、モヒカンなどのぶっ飛んだ髪型の人ばかりで度肝を抜かれました。船の中では毎夜パワフルな宴会をやっていますし。新聞記者が何度も同行しているのに、なぜこれを取材しないんだと不思議でした。その辺を紹介できたので、私が行ってよかったと思っています。だいぶ顰蹙《ひんしゅく》も買いましたが（笑）。

伊藤　宮嶋さんの報道の役割は大きいでしょうね。

宮嶋　自衛隊とは長いお付き合いになり、このたび『海上自衛隊創設70周年写真集 GLORIOUS FLEET 日出づる艦隊』（講談社）を出しました。改めて自衛隊もずいぶん変わったなあと思っています。

伊藤　どう変わりましたか？

宮嶋　女性の進出もそうですが、信じられないぐらい変わりました。自衛官の食べ物も昔とは違います。いい意味で洗練されましたが、堅苦しくなったかもしれません。

伊藤　昔の良さがなくなっちゃったわけですね。

宮嶋　そうですね。１９９６年に女性が初めて練習艦「かしま」の遠洋航海に参加した頃でも男性の乗員は一番上の甲板で素っ裸のままで寝転んで身体を焼いてましたから（笑）。

伊藤　そのとき写真は……？

宮嶋　撮りましたよ。発表はしませんでしたが。当時はそんなの撮っても、何も言われない雰囲気だったんです。自衛隊はいろいろなところがきちんとしましたが、そこは正直言って少し寂しい。いまは演習場で立ち小便もできないですからね。演習でも仮設トイレをちゃんと作ります。野グソなんてもってのほかですよ。青空の下の排泄《はいせつ》が気持ちいいかどうかは別として、昔の自衛隊には人にも環境にもおおらかさがありました。

伊藤　宮嶋さんが自衛隊を取材するようになって三十年。ずっと変遷を見てきたことは貴重です。

宮嶋　昔は初の女性パイロットで大きなニュースになっていましたが、いまはイージス艦をはじめとして女性も艦長になる時代です。潜水艦にも女性が乗るようになりましたから、いつかは潜水艦の艦長にもなるでしょう。女性がいないのは伊藤さんがいた特警隊ぐらいでしょう。

伊藤　特警隊は女性にもオープンにしてるんですけどね。

宮嶋　とはいえ、体力的には……。

伊藤　ちょっと厳しいかもしれないですね。

宮嶋　ネイビーシールズ（米海軍特殊部隊）も女性に門戸を開くようになりましたが、実任務に就けるかどうかはわかりませんし。

自衛隊に向いている人、いない人

宮嶋 伊藤さんから見て、自衛隊にはどんな人が向いていますか？

伊藤 私が思うに、自衛隊は向き不向きがはっきりしています。向いていない人が雰囲気に憧れたり、愛国心の義務感で入隊したりすると、本人も教育係の人も苦労することになる。公務員と言っても自衛隊員は非常時のための組織なので、平時と有事で気持ちの切り替えができる人が向いていると思います。実際切り替えられる人は少ないですけどね。

宮嶋 たしかに自衛隊は公務員の中でも異質ですよね。

伊藤 いまの採用って、誘い文句でコスパを前面に出すじゃないですか。楽な仕事なのに高給、給料は普通でも仕事はおもしろいとか。でも自衛隊はどう見てもコスパが悪い。それでも就きたいという人こそが、活躍できる組織だと思います。

宮嶋 国を守ることに使命を感じる人、ということでしょうか。

伊藤 そうですね。自衛官にはいろいろ手当が出ます。艦船乗組手当、潜水艦乗組手当、飛行機乗りには搭乗員手当とか。でも私が特別警備隊を創設したときは、「手当をつけないでください」とお願いしたんです。手当目当ての小僧に来られたら困るからです。「船乗りより安い給料にしてください」と言いました。
宮嶋　素晴らしい精神ですね。
伊藤　最終的に私が折れたんですけどね。担当者に「伊藤君、そういうことじゃないんだ。これは、特別警備隊の隊員に示す国の誠意なんだ」と、よくわからない理由で丸め込まれて（笑）。
宮嶋　お金で使命感を持たせることはできないんでしょうね。でも逆に「俺には愛国心がある」と言う人が入隊しても、すぐに辞めたりしません？
伊藤　そうそう（笑）。愛国心の欠片《かけら》も持ってないように見える人間が、実は国を深く愛していたということもあります。私が自衛隊に入った頃は、愛国心を口にした途端に「右翼だ！」と非難される時代でした。同期に「なんで入隊したの？」と訊ねても「謳い文句に騙された」という答えばかり。ところが目先の利益で入隊したつまらないやつだと思っていたら、実はとても国を愛している男でね。照れ屋なのと周囲の雰囲気から、本心を言えなかったんですよ。
宮嶋　現在の自衛隊は、だいぶ愛国心を言いやすい雰囲気に変わったんじゃありませんか。多くの自衛官が、もともと持っていた愛国心を隠さなくてもよくなった。愛国心を自覚していれば、自衛官を目指してもおかしくないですから。

伊藤 そうだと思います。自衛隊に入って急に何かに目覚めて価値観が変わった人は、見たことないですね。

世界基準から見た自衛隊のレベル

宮嶋 いまの自衛隊のレベルは、世界基準から見てどうなんでしょう。これまで自衛隊は世界の各地に派遣されています。自衛隊が戦闘に参加したことはないので、そこは比べようがありませんが、指揮命令、規律、モラルなどは世界の中でも抜きんでていると思います。

自衛隊のすごさを実感したのはＰＫＯ以降です。海外派遣が始まってから、急にモラルが高くなりました。阪神・淡路大震災の災害派遣でも自衛隊が国民の目に触れる機会は多かったですが、その前に実施されたＰＫＯあたりから自衛隊は人に見られていることを意識するようになったと思います。

伊藤 たしかにあの頃から、自衛隊の受け取られ方が変わってきましたよね。

宮嶋 東ティモールのＰＫＯでは自衛隊の前にいた軍隊が悪かった。ヨルダン軍なんですが、宿営地の周りで野グソしてましたから。東ティモールやイラクやクウェートに派遣された自衛隊は、現地の文化や宗教を考慮して酒を一滴も飲みませんでした。こうした規律の正しさは、現地の人たちに優秀な組織として映ったと思います。

以前、自衛隊出身でコソボに派遣された仏軍外人部隊にいた有名な方は、外国の軍隊と比べると自衛隊のほうがよほどまともだと言っていました。まあ、それはメシのことなんですけどね。外人部隊では時間通りにメシが出ないらしいんです。少し話がそれました(笑)。

伊藤 自衛隊の素晴らしさは、宮嶋さんの仰る通りだと思います。ただ平時にはいいんですが、有事がどうなのかは疑問です。

宮嶋 たしかに自衛隊は、まだ有事を経験していない。

伊藤 ええ。海外派遣された場所で弾が飛んできた、なんていうことはあるでしょうけどね。自衛隊はいくら規律正しくとも、有事に決断できない懸念があります。規律は誰かが決めたルールに従うことですが、有事には「誰かが決めた通りに動く」発想を捨てなければいけない瞬間がある。自衛隊にはこうした発想ができる人材の育成が急務ですが、いまの組織では難しい。そこは大問題だと思います。

宮嶋 なるほど。それは臨機応変な行動ができないという意味ですか。

伊藤 そうですね。平時に慣れた自衛官は「なぜ?」と聞かれたら、大抵「それはルールで決まっています」「隊長に命令されました」と答えます。たとえ命令がおかしいと思っても、「それは違うのではないでしょうか」「私はこちらのほうが正しいと思います」とは言いません。つまり、普段から自分を主語にしていないんです。

宮嶋 自衛隊は大きな組織ですから、大事な決断を下す前にいろいろな人の了承を得なければならないという側面が影響しているんでしょう。

伊藤 はい。国民性としても、日本人は周りと違う意見を言うことが苦手なのかもしれません。やってみれば、そんなに大変でもないんですけどね。

宮嶋 あとで問題になったら怖い、自分が責任を取りたくないという側面もありそうですが。

伊藤 主体的な判断や決断が苦手なのは、多分日本の縮図なんですよ。日本の政治家も似たような感じがします。選挙で選ばれて政治を託されている政治家は、決断するのが仕事だと思うんですが、毎回法的根拠がどうこうと国会は大騒ぎです。決断が遅いことが、どれだけのマイナスにつながるか。

宮嶋 政治家の発言には、政治生命がかかっているからでしょう。

伊藤 批判されないことが一番になると、有事のことは考えなくなります。占領下に米軍によって作られた「父無し子」の自衛隊が持つ悲しい宿命ですが、現在の憲法九条下においては、自衛隊は叩かれないようにしなければならない。でも、叩かれても「うるせえ」って言えばいいだけの話じゃないですか。妙にビクビクしていると思います。

宮嶋　決められないという側面は、日本の大企業にもありそうですね。

伊藤　企業は仕方がないと思うんです。平時だけ機能すればいいですから。でも政治家と軍隊は、有事のときも働く人たちです。その場で決める文化が根付いていないと、有事の対処ができません。自衛隊は平時には非常に優秀な組織なだけに、歯がゆく感じています。

　宮嶋さんはこれまでの取材で、自衛隊は融通が利かないと感じたことはありますか。

宮嶋　いっぱいありますよ（笑）。撮影した写真に自衛隊から公開ＮＧが出るたび、「なぜこれが写ったらダメなの？」と驚きます。自分は文章も書くんですが、「この表現でダメなの？」と不思議に思うことも多々あります。国防上の理由からこればかりはどうしようもないのですが細かいところまでチェックするのは、日本人らしいと言えば日本人らしいですけどね。毎回「ああ、お役所なのね」と思うようにしてます。これが米軍なら、取材後のチェックはほとんどありません。

共同訓練で各国から評価される自衛隊

宮嶋 最強の軍隊は、アメリカの将軍、ドイツの将校、日本の下士官と言われますね。

伊藤 下士官に向いている日本人は何があっても決められた通り、指示された通りにやるところはすごいですが、裏を返せば臨機応変的に動けない。

宮嶋 カンボジアPKOのとき、道路工事の日程を守っているのは自衛隊だけでした。司令部から「日本人はなぜそこまで頑張るのか？」と聞かれると、「あなたたちが命令するからだ」って（笑）。

伊藤 律儀ですねえ（笑）。たしかに外国の軍隊と並ぶと、自衛隊の姿が客観的に見えてくることがあります。共同訓練で自衛隊はすごく評判がいいんです。必ず「信じられないくらい優秀な動きだ。こいつら全員将校だろ？」と聞かれます。

宮嶋 一般隊員のレベルが高いってことですか。

伊藤 そうですね。日本人は能力が高く見えるらしいです。日本人にとってはごく当たり前の「九九が言える」「靴紐が結べる」だけで、すごいと言われます（笑）。

宮嶋 それは米軍からの評価ですか？

伊藤 そうです。同じ階級であっても、自衛隊と米軍では能力の差があるということでしょうね。

宮嶋 日本人にとってはごく普通のことでも、外国から見たら特別なことがあるんでしょ

2011年東日本大震災で海上自衛隊は輸送艦内に風呂を設置し被災者に開放

う。

災害派遣のときの自衛隊にも、日本らしさを感じました。中越沖地震（2007年）の直後の海上自衛隊は、ゴムボートを波止場に置き、その中にお湯を張って被災者のお風呂にしていたんです。陸上自衛隊は野外入浴セットも持っていますが、海上自衛隊がゴムボートを湯船にしているのを実際見たときは驚きました。日本人の中には、つらい避難生活でも風呂さえ入れればなんとかなるという心情がある。それを汲み取って、このときは臨機応変に実行したんでしょうね。

東日本大震災（2011年）では、海上自衛隊は輸送艦内の広大な車両甲板に風呂を設置して被災者に提供しましたが、被災者が風呂に入っている間に、乗員が洗濯や携帯電話の充電をやっていました。そういう細やかな配慮は、日本人らしいですよね。

伊藤　たしかに。災害派遣で思い出しました。私は災害派遣の困難さを語る自衛隊があまり好きじゃないんです。戦争ではあの状態で弾が飛んでくるわけですからね。「インフラが壊滅しただけなのに、騒いでんじゃねえ」と思うんです。

報道してほしいのは、さっきの宮嶋さんのお風呂のようなエピソードですよね。災害派遣に赴いた隊員は、泥だらけのおばあさんをおんぶして運び、お風呂に入れてあげます。ところが隊員は一週間、風呂に入らずあのままなんです。自衛隊について報道するなら、そういう真実を伝えたほうがいいんじゃないかと思いますね。

宮嶋　本当にそう思いますね。最近、自衛隊の特集をするテレビ番組も増えましたから、伊藤さんが仰るような側面ももっと紹介されてほしいですね。

自衛隊は世界からどう見られているのか

伊藤　私自身は国連への派遣経験はないんですが、ＰＫＯに参加した自衛隊員は非常に苦痛だったと話していました。それは使命感を持って参加しても、他の軍隊に一線を引かれるからです。「おまえら自衛隊は、弾が飛んできたら逃げるんだろ？」「武器を持った軍隊を、なんで俺たちが守らなきゃいけないんだよ」と思われているのが伝わってくるそうです。その隊員の被害妄想かもしれませんが、そんな扱いを受けるなら行かないほうがよほどいいと思いました。

宮嶋　イラク復興支援活動はそうだったかもしれませんね。自衛隊は当初オランダ軍のキャンプ・スミッティー近くに宿営したので、オランダ軍に守られているように見えたと思います。意地悪なメディアはそれをことさら強調し、「情けない自衛隊」という世論を作っていました。わざわざ記者をオランダに行かせて、「イラクでオランダ軍が日本の軍隊を守っていることをどう思いますか？」と一般市民にインタビューするほどでしたからね。第一次イラク復興支援群長だった番匠《ばんしょう》幸一郎1佐は、「オランダ軍に守られているわけではない。自衛隊は自分たちで守っている」と強調していたのに。

伊藤　たしかにあのときはオランダ軍でした。あとはイギリス軍でしたか。

宮嶋　あのときのオランダ軍は、なかなかでしたよ。爆弾テロ事件（２００６年）があったとき、自衛隊はしばらくキャンプに引きこもることになりました。やっと出られたら、これ見よがしに自衛隊の車両を守るんです。

伊藤　日本のマスコミがいるからですか？

宮嶋　それもあったでしょうね。挙げ句の果てに自衛隊車両を追いかける私たちの車を制止して、30ミリ機関砲をこっちに向けて「止まれ」と。「取材カメラマンです」「撮影です」と言っても信用しない。結構エグかったですよ。

伊藤 そんなことがあったんですね。

宮嶋 PKOは概ねそうで、自衛隊の異質さが際立つでしょう。自衛隊は「一発も撃たなかったことを誇りにする」と言いますが、自衛隊は「撃たない」のではなく「撃てない」とわかったら襲われます。

伊藤 これも聞いた話で恐縮ですが、東ティモールに派遣された自衛隊の車両は駐車の際、糸でビターッと位置を合わせるそうです。自衛隊は変なところにこだわるので、バカだなと思って聞いていました。でも現地の人には、それがものすごい規律を感じさせるそうなんです。日本は新幹線が車庫に入る時もビタッと位置を合わせますから、特別なことではないんでしょうけど、整然と停められた車列を見た外国人は、自衛隊を一糸乱れぬ意思疎通が取れた強い組織ととらえるようです。

宮嶋 さすがは自衛隊。

伊藤 現地の人たちとの関係の築き方は、国によって異なるようです。日本人は言葉が通じない人の中に、なかなか入っていけない性質を持っていますが、これが米軍になると違う。彼らは言葉が通じないことに日本人ほど抵抗がなく、派兵された国の社会にずけずけ

1992年のカンボジアPKO。タケオ宿営地内の中隊本部

と入っていきます。

米軍はどこの国にも、アメリカ文化を持っていくんです。フェンスの内側はアメリカだと思っているので、まずハンバーガー店を作る。すると冷房付きの体育館もできる。そこで本国と同じように短パンをはいてガムを噛みながら、バスケットボールやフットボールをやるんです。その様子を、三日ぐらいご飯を食べてない現地の子が、鉄条網越しに眺めるわけです。

宮嶋　憧れのアメリカをそのまま持っていくんですね。見せびらかすように。

伊藤　自衛隊も残念ながらクーラー付きのテントを持参しますが、現地にはやさしく馴染んでいこう、とけ込もうという姿勢は持っています。そうしていれば、現地の人たちと自然に仲良くなれるからです。悪く言えばアメリカには、「俺のほうが偉い」という意識があるように見えるんですよね。でも日本にはその匂いがしない。それが自衛隊と現地の人たちとの間に、いい関係を築くことがある。

宮嶋 たしかにカンボジアのＰＫＯは、伊藤さんが仰る通りでした。私がいた自衛隊の宿営地の隣が屋台村で、夜になったらみな懐中電灯を持って外出し、一緒にワイワイと楽しんでいました。私もそこのウエイトレスの女の子らと仲良くやっていました。

米軍における組織づくりのうまさ

宮嶋 そういえば、特別警備隊も外国の軍隊と訓練することはあるんですか？

伊藤 あります。細かい部分は言えませんが、いろんな国とやります。アメリカの特殊部隊ですごいと思ったのは、施設の規模です。訓練を行う島一つが、全部軍のものになっているくらいですから。

宮嶋 それってサン・クレメンテ（カリフォルニア州、米海軍が所有し管理する島、２０１８年に自衛隊と米海兵隊の実動訓練「アイアンフィスト18」などを実施）では。硫黄島の七倍以上の大きさでしたよね。

伊藤　そうです。そこにいる米軍は、時間の使い方が自衛隊と違います。午前中は訓練がないので、各自フィジカルトレーニングをして午後に集合です。自衛隊は訓練スケジュールがぎっしり埋まってないのはサボりという感覚がありますが、米軍は余裕たっぷり。自衛隊は平時でもヘトヘトです。相互運用を強化するために、海上自衛隊と米海軍は時々乗組員を交換するんですが、ゆったりとした顔つきの米兵の中に、何時間も寝ていないような自衛隊員が毎回乗り込んでいくんです（笑）。

宮嶋　双方乗員として、ほぼ同じことをしているはずなのに。

伊藤　米軍を見ていて思うのは、組織づくりのすごさですね。日本人は優秀だと、その人に仕事が集中しがちですが、米軍の優秀な人はもっとゆったりしています。米軍はいつでも代わりを補充できるようにしているなど、組織を設計する際の思想が大きく異なるからでしょうね。自衛隊が忙しいのは、作らなくてもいい書類や誰も見ない報告書を作ってしまう、日本人特有の生真面目さがあるんだと思います。

宮嶋　それはわかります。

伊藤　特警隊を創設したとき、報告書を週に何回も書く習慣をやめました。いらないものは作らない。厳密には報告書を出す義務はないので、出さないと宣言したら上官は何も言いませんでした。自衛隊も最初はいまほど書類がいらなかったと思うんですよ。それがいつの間にか仕事がどんどん増えて、みんなを忙しくさせているのかもしれません。

自衛隊と市街地戦

宮嶋 ウクライナでは、市街地戦の激しさを感じました。自衛隊としては、市街地戦をどうとらえているんでしょうか。

伊藤 自衛隊の市街地戦には、能力と法律という観点があると思います。能力から言うと、市街地戦は非常に得意です。その理由は、日本人の「察する文化」にあります。

市街地戦で発生するCQB（Close Quarters Battle 近接戦闘）では、隊員がかたまって速いスピードで動きますが、このとき言葉のコミュニケーションを取る暇はありません。もし敵との間合いが三〇メートル、四〇メートルなら部隊の動きはそこそこゆっくりで、「誰々のところに移動して援護射撃」と指示ができます。しかし瞬間的な判断と行動を求められるCQBは、言葉を交わしていたら間に合いません。サッカーで言えば、ゴール前のプレーのような感じです。

周りを察する文化の中で育った日本人は、相手が何をしてほしくて、何をしてほしくないかがよくわかります。二時間程度の訓練を十回ほど重ねれば、平均的な日本人ならほぼ全員、CQBに求められる無言のコミュニケーションが取れるようになります。この察する能力が鍛えられている日本人で構成される自衛隊は、市街地戦に非常に強い一面があると言えます。他国の特殊部隊でもこのコミュニケーションを活用していますが、日本人の感覚と違って、かなり特別なものという位置づけです。

宮嶋 いわゆる空気を読むみたいなことですね。特殊部隊では、市街地戦の訓練をやっているんですか。

伊藤 もちろんやっています。ただそれは戦闘ではなく、さきほどお話ししたコミュニケーションの訓練ですね。隊員同士で無言のコミュニケーションが取れるようになると、離れた場所にいても、「このシチュエーションなら、あいつは絶対にこう動く」とわかります。特殊部隊が任務を達成するためには、部隊があたかもひとつの生き物のように動くようになる、このコミュニケーションが必須です。

市街地戦に求められる法整備

宮嶋 アメリカのコンバットタウンで自衛隊のCQB訓練を見ましたが、かなり実戦的でした。

伊藤 日本だと富士にありますね。あそこは映画館、地下道、デパート、銀行もあって、戦車も通れる広い街が作られています。一般部隊はあそこを野外戦のように使っているので、少しもったいない気がします。

宮嶋 そういえば最近CQBの訓練を見ていて、十年前と射撃姿勢が変わったような気がしました。あれは市街地戦への対応なんでしょうか。右きき姿勢と同じように左きき姿勢でも射撃訓練をしていたんです。

伊藤 あれはですね、私としては大反対なんです。

宮嶋 えっ？ 大反対ですか。

伊藤 もちろん利点はあるんですよ。壁が邪魔して右で撃てないときは、壁から出て行くしかない。だから左で撃つというのはわかるんですが、実際、移動中に引き金にかかっている右手を左手にスイッチできるのかというと、なかなかできない。ひとつの技術として知っているのはいいんです。左で撃つのは、待ち伏せのときには役立つと思います。

こういう場合は、銃を持つ手は変えずに目だけをスイッチすればいいんです。敵に見える身体の面積を減らすために持つ手を変えるのではなく、使う目を右から左に変える。そうすれば自ずと見える面積は減ります。細かい話ですけどね。

宮嶋 そういう細かい技術が、市街地戦では要求されるんでしょうね。あと、法律的なところではどうなんでしょうか。

伊藤　自衛隊が市街地戦を行うにあたって、法的な整備をしなければいけないことがたくさんあります。たとえば有事になったら、平時にごく当たり前の民間が持つ権利をどうするのか。有事法制にまだ不備がある中では、市街地戦には難しい側面が生まれてくるでしょう。自衛隊としては、自分たちの能力を高めるために何をするかを考えるしかありませんけどね。

自衛隊の兵器、武器、装備

伊藤　自衛隊の兵器購入は、金額ばかりが注目されますが、重要なのはいざというときに本当に国を守れるのかどうかです。他国が完成品にしたものは、中にブラックボックスがある限り、いざというときに役に立たない不安がつきまといます。何をされているかわかりませんから。

宮嶋　たとえば自衛隊がアメリカから買った戦闘機とか。

伊藤　そうです。極論を言えば、その国と喧嘩になったら、その兵器は自爆するかもしれない。

宮嶋 兵器が国産かどうかは重要ですね。私もホイホイ海外から言い値で武器を買っていいのかと気になります。

伊藤 あり得ないことですが、日米決戦になって米国製の兵器が全部使えなくなったら、国民は驚愕するでしょうね。「そんなものに税金を使ってきたのか」「日本は独立国じゃないのか」と。

宮嶋 イージス艦の防空システムはアメリカですよね。エンジンのガスタービンはGE（ゼネラル・エレクトリック）かロッキードマーティン。それらをIHIなどがライセンス生産していますね。

伊藤 そうですね。エンジンは日本製です。

宮嶋 イージス艦は高いですよね。なんせ一五〇〇億円以上ですから。今度のイージス・アショア（地上配備型ミサイル迎撃システム）の搭載艦も、イージス艦より高いですし。あれこそまさに政治に翻弄されていますよ。普通のイージス艦でいいのに。

伊藤 イージスってそんなに難しいものではなく、わかりやすく言えばアメリカらしい体力勝負なんですよ。レーダーはやまびこのようなもので、ぐるぐると電波を照射し、反射するものがあるかどうかを見ます。一旦照射が外れたら、次に来るまでそこの状況はわかりません。ところがイージス・システムには、レーダーが三六〇台ついている。これだけのレーダーが常に同時に探索していれば、理論上、死角がなくなります。だから大変なんですよ、電気が。あの艦の中には、巨大な発電機があるんです。

宮嶋　発電機ですか。ガスタービンが必須なわけですね。

伊藤　三六〇台のレーダーがあれば、集まる情報も三六〇倍です。その情報を処理する巨大なコンピュータを搭載すると、それを動かす電気が必要になる。イージス艦というのはザ・アメリカなんです。物量で勝負という、原理的にはバカみたいなことをやっているんですが、それをシステム化してちゃんと製品にするところはすごいですよ。

イージス艦は他の艦にミサイルを撃たせることもできますから、イージス艦自体にミサイルを搭載する必要がない。他の艦が発射したミサイル軌跡をイージス艦が誘導し、敵に命中させます。日本のイージス艦が増えることは、米軍のシステムの包囲網がより広がることにつながるんです。

宮嶋　日本のイージス艦は、もう八隻になりますからね。イージス艦を取材したとき、射撃時は強烈なレーダー波を浴びるから甲板に出るなと言われました。甲板にリモコンカメラを仕掛けて撮る際も、電波障害を避けるためにアルミホイルでカメラやリモートケーブルを巻いていました。

伊藤　イージス艦のレーダー波は電子レンジの中みたいなもので、強烈なマイクロ波で鳥も落ちるくらいですからね。

オスプレイは日本向き

宮嶋　空はどうでしょう。自衛隊の「アパッチ」（ＡＨ－64、戦闘ヘリコプター）購入は失敗と言われていますが。

伊藤　あれは失敗なのか、騙されて買ったのか、よくわからないですよね。

宮嶋　調達機数が契約と違うということで、法廷闘争になりましたよね（六二機調達する予定が高額経費のため、一三機のみ購入）。日本が焦ってアメリカから足下を見られたんでしょう。いまでは生産中止された機体になってしまいました。

自衛隊は本当にいろいろな航空機を持っていますよね。「オスプレイ」（Ｖ－22、垂直離着陸機）をアメリカから一七機購入するのは、日本くらいでしょう。事故が多いと言われますが、私が乗ったときは、まったく危なくなかったです。自衛隊はオスプレイの配備で、小笠原諸島の父島に本州から一気に行けるようになった。

伊藤　前は飛行艇しかなかったですもんね。

宮嶋　ええ。しかもオスプレイは滑走路がいらないので、平地の少ない日本向きではありますよね。

戦車不要論の是非

宮嶋　最近は戦車不要論も話題になっています。石破《いしば》さん（石破茂、元防衛大臣）あたりが言い出したと記憶していますが、尖閣諸島などの離島防衛や市街地戦を考えたら、戦車より、むしろ機動戦闘車のほうが必要だという意見です。これについて伊藤さんはどうお考えですか。

伊藤　大前提として、日本の防衛はこれまでの経緯に縛られることなく、最も重要なことを追求すべきだと思います。私が現役の頃、予算要求で「昭和○年にこう説明しているのだから、この予算は要求できない」という言葉をよく聞きました。予算を承認する大蔵省（現財務省）としては、こちらに一貫性を求めてくるわけです。国民の血税は本当に必要なものにしか配分されませんから、当然のことです。でも、政治家が昔の発言に縛られすぎるのはどうかと思います。「いまは時代が変わったんですよ」「あのときは間違いでした」と言えばいい。石破さんクラスの人がそういう発言をするというのは、時代が大きく変わってきたんじゃないかと思います。

宮嶋　現在の日本を取り巻く防衛環境は、対ソ連、ロシアの北海道重視から、対中国の尖閣重視に変化していますね。本来、それに合わせた兵器にシフトしていくべきでしょうけど、伊藤さんが仰った事情もあって、すぐには実現できないんでしょう。

伊藤「変えなければいけないもの」と「変えてはいけないもの」があると思います。私は尖閣諸島だけではなく、北海道もしっかり守り続けるべきだと思っています。

日本はあるときを機に一気に真逆に動くような、極端な性質があると思うんです。ずっと右にいて動かなかったものが、ある日突然、左の端に全力疾走する。自衛隊にもその傾向があるでしょう。たとえば、長年北海道で戦車対戦車の激突を夢見ていたのに、南の海に意識が向いた瞬間、「戦車なんかいらない」と言い出すとか。国防は新しい脅威に対処することになったら、古い脅威を忘れていいことにはなりません。

宮嶋　たしかに北海道はそのままあそこにあるわけですから、戦車の重要性が消えるわけではありませんよね。以前、首都高を走る「16式（ひとろくしき）」（16式機動戦闘車、8輪装甲車）を見たことがあります。１０５ミリ砲を搭載し、キャタピラではなくタイヤを履いた戦車が公道を普通に走っていて驚きました。

伊藤　速いんですよね、16式って。

宮嶋　最高速度が時速一〇〇キロ以上ですからね。これまでの戦車は、キャタピラにゴムの下駄履きをつけないと公道を走れませんでしたが、16式はまったく必要ありません。でも真冬の北海道の演習で見た新雪のパウダースノーは、あのタイヤでは絶対に無理だと思いました。

伊藤　戦場で戦う兵隊にとって、戦車のプレゼンスは大きいんですよね。

宮嶋　そうなんですよ。湾岸戦争でも、最後、米軍の戦車がなだれ込んできて、戦争が終結しました。

伊藤　ある場所でタコつぼの中にいたとき、一キロ二キロ先から戦車が向かってくる音が聞こえました。カタカタカタカタって。塹壕にいる歩兵にとって、あの振動はとてつもない恐怖でしょう。

宮嶋　ウクライナ侵攻当初のキーウも、そうだったと思いますよ。いつロシア軍戦車の振動が聞こえてくるか……。ウクライナでも戦車は大きなプレゼンスを示していましたから、石破さんには悪いですが、自衛隊に戦車は絶対必要です。

伊藤　石破さんは、「戦車はゼロでいい」ではなく、「ちょっと多すぎない?」ということなんでしょうけどね。これが他国の軍隊なら、責任者が「減らせ」と言えばすぐにその通りになりますが、日本人はそこそこ優秀で真面目ですから、説明に時間をかけます。北海道防衛の新たなかたちが見えてくるのは、もう少し先でしょうね。

宮嶋 もうひとつ。ウクライナ侵攻を見ていても、これからの戦いには強力なドローンが欲しいところですよ。

伊藤 そうですね。諸外国の軍隊も導入しているでしょうし。

宮嶋 陸上自衛隊もイラクのときからドローンを使い始めています。災害時にも飛ばしましたし。ただ各国と比べて自衛隊がどうかは、まだ詳しくわからないんです。ドローンに関しては機密性が高く、なかなか取材し切れない。

伊藤 諸外国はすでにドローンを兵器として使っているんですから、そんなに特別扱いしなくてもいいですよね。一機何百万円のドローンを後生大事に扱って、「一、二、三」で丁寧に飛ばしていないで、安いドローンをたくさん試して使えるものを採用していったほうがいいと思います。そういうくだけた部分も自衛隊や日本に必要です。オートバイで偵察している場合じゃないと思います。

銃の性能よりも使う人間の能力のほうが重要

宮嶋 自衛隊の主力小銃の「89式（はちきゅうしき）小銃」って、どうなんですかね？

伊藤 よく「使えない銃」と評されますが、自衛隊がそれを言うのは違うと思っています。

自衛隊はプロフェッショナルなんですから、89式小銃が使えないならどの部分がなぜ使えないのか、きちんと説明できないといけません。

有事になれば、自衛隊はそのときに持っている武器で勝負です。ママチャリで競輪しなければならないなら、勝てるようにママチャリをいじるしかない。プロなら「この銃なら、ここをちょっといじれば使える」という発想が欲しいところです。これがミサイルや飛行機だったら自分が使いやすいようにするのは難しいと思いますが、銃ならなんとかなります。

宮嶋　なるほど。

伊藤　小火器で勝負する歩兵は、「こんな銃いらねえ。米軍のM4が欲しい」と言いがちですが、そんなことを言えるほどおまえは銃に詳しいのかと。本当に銃に詳しくなれば、「こういう状況ではこういう理由で撃てないので、こっちの銃が欲しい」とか、「こういうふうに改造したらこの銃でもいい」という話ができるようになりますからね。

宮嶋　いまの新小銃「20式（にいまるしき）」はどうですか。

伊藤　こう言うと乱暴かもしれませんが、銃は近づけば当たるんですよ。三メートル近づけば、全然違う世界になります。これが市街地戦ならなおのことで、自分が敵に近づくことを考えるべきでしょう。特殊部隊にいた人間としては、銃の性能よりもそれを使う人間の能力のほうが気になってしまいます。

宮嶋　伊藤さんにとっては、どういう武器なのかよりも、どう使うかが大事ということですね。

伊藤　ええ。宮嶋さんがお持ちのボディアーマー（防弾チョッキ）もそうです。現場で使っている人は、自分が使いやすいように手を加えることを考える。宮嶋さんのボディアーマーを拝見すると、ストラップは肩が寄って首を絞めないところで留めていますよね。これは宮嶋さんがこれまで時間をかけて使い込んできたからこそ、生まれた工夫だと思います。

宮嶋　たしかに私のボディアーマーはメーカーにお願いして、特別なストラップかけをつけてもらっています。

伊藤　自衛隊が使うものは、基本的に工場で生産された支給品です。隊員の多くは「あれが欲しい」「これを使ってみたい」と思っていますが、現場には国家予算で買ったものが無言で渡されます。任務に赴いたら、死ぬ瞬間までそれを使うかもしれないと考えれば、手を加えないはずがない。武器や装備といった道具をどう使うかは、奥が深いんです。

宮嶋　私たちにとっては、カメラマン手袋もそうです。二本の指の裏をペロッとめくって生指を出せるようにしたりしています。

伊藤　いいですねえ。手袋の工夫は、特殊部隊にもあります。私は横に切れ目を入れていたんですよ。横からずらして指を出すほうが、私には使いやすい。道具のカスタマイズを見てると、その人がどれだけ真剣に仕事をしようとしているかわかります。ちなみに自衛隊では、支給された装備のカスタマイズは、厳密にはＮＧです。みんな多少の調整はしていると思いますが。

宮嶋　イラクに派遣された自衛隊では、カスタマイズを認めていました。小銃にフォアグリップ（アサルトライフルのハンドガード部分に装着する、操作性を上げるためのオプションパーツ）を付けているのを見ましたよ。

伊藤　ああ、たしかに付けていましたね。あのときは、安全装置も両方から取れるようにしてあったと思います。国民の血税で購入した官品を大切に扱うのは理解できますが、カスタマイズにやたらと目くじらを立てるのはどうかと思います。裏にマジックテープを付けて着脱を楽にするぐらいで、飛び上がって怒らなくてもいいのに。武器を改造しているんじゃないんですから。現場の工夫には、小さいものから大きいものまでいろいろありますから、組織としてどこまで許すかが難しいのはわかりますけどね。

装備品に見る日米の思想の違い

伊藤 装備と言えば、伝統的なものが意外とよかったりします。信じられないかもしれませんが、ゴアテックスの雨衣より蓑が便利なことがあるんです。蓑を一回着てみたらビックリしますよ。濡れないし、蒸れない。雨が染み込んでくると思いきや、雨は茎の表面をサーっと走って落ちていく。私の経験上、雨衣はどんないいものでも内側が蒸れますが、蓑は驚くほど快適でした。

宮嶋 ああ、それは聞いたことがあります。

伊藤 地下足袋もそうです。米軍のようにコンバットブーツを頑張って履いている人が多いですが、地下足袋のほうがよっぽどいいですよ。

宮嶋 陸自の施設科の隊員は地下足袋を履いてますね。川に橋を架ける部隊です。川底の藻を踏んでも滑らないので。

伊藤 米軍のコンバットブーツは、尖ったものを踏んでも怪我をしないように、靴底に鉄板が入っています。つまりアメリカ人は、踏んでも大丈夫なようにしているんですよね。一方、地下足袋の場合、足裏に地面の感覚が伝わりますから、危ないものを踏んでも体重をかける前にわかります。踏み抜いても出てこないようにするか、早めに察知して避けるか。そこには日米の思想の違いがあります。

宮嶋　たしかにコンバットブーツと地下足袋は、まったく逆の発想ですね。

伊藤　本来装備品は、日本人の国民性に合ったものを買わなければいけません。コンバットブーツはたしかに優れていますが、昔の日本人は地下足袋で生きてきました。自衛隊がみんな蓑や地下足袋を使うべきとは言いませんが、なんでも外国の真似をするのは、変えたほうがいいかもしれないですね。

「なぜそれをやるのか」を細かく説明することが訓練では大事

宮嶋　自衛隊の訓練については、どうお考えですか。

伊藤　そうですね。通常部隊では、「いいからやれ」という訓練が多いと思います。なぜいまその訓練をやるのか、それをやると何が得られるのかということは深く考えず、決まっているからやる。訓練を受ける隊員だけでなく、指導側もその訓練をやる理由をよくわかっていないんですよ。どこを高める訓練なのか。対人恐怖感を抜くためなのか。タクティクスを高めるためか、チームワークを高めるためか。訓練で伝えることはいっぱいあります。

宮嶋 自衛隊も軍隊ですからね。命令は絶対でしょう。

伊藤 他国の軍隊では、インストラクターは難しいことを簡単に教える。指導者はそこにプライドを持っています。しかし、残念ながら自衛隊は簡単なことを難しく教えようとして、必要のない努力をしているように見える。教える人の心の中に自分を大きく見せることを優先する姿勢があると、そっちに行ってしまうのかもしれませんね。

宮嶋 なるほど。そうなんですね。

伊藤 「いいからやれ」を続けていれば、言われたことしかやらない隊員が増えてきます。それより「なぜそれをやるのか」を細かく説明し、隊員たちを納得させた上で訓練をさせれば、隊員は自分の頭で考え、よりよい状態を自発的に目指すようになるでしょう。多くの隊員はそれができるポテンシャルを持っているのに、訓練の現場では「とにかくやれ」になっている。隊員を歯車のように扱うのを見るたび、徴兵制だった旧軍をまだ引っ張っているような錯覚を感じます。非常にもったいないことです。

宮嶋 旧軍と言えば、銃剣突撃はまだやっていますよね。

伊藤 あれはいいんです。敵との距離が五メートルを切ったら、刃物のほうが絶対に強いですし、銃剣っていうのは、銃弾も撃てる状態なんですから。筒先を取られたら何もできないのが銃の最大の欠点なので、そこを取られないように刃物がついている。一見古臭いですが、意外に理に適った武器なんですね。これを上手に使うための訓練が銃剣術です。

宮嶋 言われてみればそうですね。銃剣と言えば、震災被害に遭った陸上自衛隊多賀城駐屯地（宮城県）で、自衛隊が塹壕銃剣道というのをやっていました。アリの穴のような塹壕を掘って、両端から突進して戦っていたのを見たことがあります。

伊藤 それは貴重ですね。宮嶋さんはすでにご存じだと思いますが、銃剣術で使うのは、三八式歩兵銃を模した木銃です。「三八」は明治38年のことですから、歴史を感じますよね（笑）。最初は相手を突く練習ですが、レベルが上がってくると床尾《しょうび》も使うようになるんですよ。

兵站（水と食料）について

伊藤 自衛隊の兵站も、アメリカを基準にしたら間違えると思うんです。さきほどの繰り返しになりますが、アメリカは戦場に自国と同じ環境を用意しようとする。だから兵隊のストレスがないんです。しかし日本がアメリカと同じようなことをやれば、なぜ税金を使って日本と同じ環境を用意するのか、贅沢だと非難されるでしょう。

宮嶋 たしかにそうですね。

伊藤 もし水やレーション（戦闘糧食）なしで、隊員が山にボトンと落とされたら途方に暮れるかもしれない。しかしその山に人が住んでいるのなら、水も食べ物もあるんです。どうすれば水を採取できて何が食べられるかを知っている現地の住民にとってそこは食料庫です。そもそも戦は恵まれた環境でやるものではありません。過酷な環境が予想されるなら、そこでどうすればいいのかを教えればいい。決して補給が必要ないということではありませんが、アメリカのやり方には無理があると思いますし、その環境下でなければ兵隊が戦えないのは疑問です。

宮嶋 ＳＡＳの元隊員がナイフ一本持ってジャングルや砂漠で生き抜くイギリスのＴＶ番組がありましたが、そういうことですよね。だとすると、習志野の空挺団（陸上自衛隊第一空挺団）がやっている、三日間食事も何も持たないでここからここまで移動しろみたいな訓練も必要ですね。

伊藤 ええ。私はなんで三日しかいないんだ、山は食べ物だらけなんだから一生いられるだろうと思います。それなのに部隊に炊飯器を持ち込んだり、祭りでもないのに焼きそばを作ったりしているのを見ていると、「おまえはどういうつもりなんだ」と言いたくなります。

宮嶋　アメリカほどではありませんが、自衛隊も隊員に快適な環境を用意しようとしていますよね。炊事車なんかもその一環でしょう。
　旧軍もそうでしたが、やっぱり日本人はお米を食わなきゃ力が出ないところがあるのでは。戦時中、日本兵がお米を炊いてる煙が敵に見つかり、攻撃されることがあったそうです。お米しかなかったのかもしれませんが、祖国から遥か離れた地にいても、やっぱりお米を食べたいという日本人らしさもあったと思います。その点、米軍はビスケット一個で必要な栄養が摂れるような、便利な食料を持たせていました。これも伊藤さんが仰る日米の戦術思想の違いでしょうね。

伊藤　たしかにそうですね。

宮嶋　そういえばＰＫＯ初期までは、自衛隊に水を入れて加熱するＭＲＥがまだなくて、パック飯を巨大カイロで挟んで加熱していました。ご飯があたたまるまで、長い時間がかかっていました（笑）。

伊藤　やっぱり日本人はどこにいても、ほかほかのご飯を食べたいものなんですよ。

宮嶋　本当にそうですね。

弾薬における価格とジャム率のバランス

宮嶋　自衛隊は弾薬の確保は十分なんでしょうか。

伊藤　実際はなかなか厳しいでしょうね。日本の弾の精度ってすごいんですよ。特別警備隊のときに年間一二万発撃ってたんですけど、一発もジャム（装塡不良）がなかった。八年間いましたから、通算九〇～一〇〇万発は撃ってたはずですが、それでもジャムったことはありませんでした。ちなみにこれがほかの国になると、五〇発に一発はプシュッとなります。これはこれでジャミングしたときの訓練になるのでいいんですけどね。

射撃の腕を上げるには、たくさん撃つ必要がありますが、そうなると弾の価格とジャム率のバランスが重要になってきます。いくらいい弾でも数が足りなければダメですし、安くてジャムってばかりなのもダメです。許容できるジャム率で、最大限の弾数を確保するのが理想です。現場には、もうちょっとスペックを下げてもいいから弾数が欲しいという意見は少なからずあると思います。

宮嶋　コストを考えたらそうなるのはよくわかります。国産のミサイルだともっと高いですよね。最近は防衛費の増額に合わせて、トマホーク（アメリカの巡航ミサイル）を四〇

○発買うと言っていますが。

伊藤　不思議な現象ですよね。なんだかあさっての方向で検討しているように見えます。

宮嶋　これまで予算を削ってばかりだったのに、いきなり防衛費が一・五倍になったので、いったい何を買えばいいんだと防衛省も真っ青なんでしょう。だからアメリカにいきなり「トマホーク四〇〇発ちょうだい」って言っちゃったのかな。予算を使い切らないと何言われるかわからないですし。

伊藤　四〇〇発というのは、とりあえずの数でしょうけどね。

宮嶋　でもまあ、四〇〇発でも足らないでしょう。イージス艦なんて、あれだけＶＬＳ（ミサイル垂直発射システム）があっても、訓練のときにランチャーをいっぱいにすることがありませんから。貴重なミサイルなので、備蓄を置いとかなければいけないんでしょうけど。

弾と言えば、２０１３年の南スーダンＰＫＯの際、反乱軍に制圧された地で避難民を受け入れていた韓国軍に銃弾が足りないと頼まれて、自衛隊が一万発の弾を融通したことがありましたよね。このニュースを知ったとき、「自衛隊は弾をちゃんと持っていたのか」と驚きました。

伊藤　ああ、ありましたね。

宮嶋 これは日本の弾薬が他国に譲渡された、初めてのケースでした。ＰＫＯ法では物資協力に武器や弾薬は含まれていないので、自衛隊はあくまでも人道的見地から渡したことになっていました。最終的に韓国は自衛隊に弾を返しましたよね。

伊藤 ええ。厳密に言えば、あのとき自衛隊は韓国に弾を無償譲渡しました。その後、補給が間に合ったという理由で、韓国が返してきたんです。

基本的に弾っていうのは、自分の視界から外れたら使わないものなんです。目を離したうちに細工をされて、全弾不発になったら困りますから。なので国が異なる軍隊同士で弾を貸し借りすることは、簡単なことではありません。その恥をしのんで、さらして頼んできた韓国は苦しかったと思います。どこの国の軍隊でも、弾がないというのはとても恥ずかしいことなんですよ。

有事に自衛隊を機能させるために

宮嶋 自衛隊の現状について語り合ってきましたが、未来についてはどうでしょう。自衛隊がアップデートしたほうがいいところは。

伊藤 様々な縛りがある中で、自衛隊はよく頑張っていると思いますが、非常時にどうにかする能力が少し足りないかもしれませんね。非常時に「これは想定外だから諦めましょう」とはいきません。想定外の状況で任務をこなすには、適切な分析と決断、そして迅速な行動が必要ですが、いまの自衛隊は、隊員にそのトレーニングをしているかどうか。想定外の状況でもなんとかする能力が高い人物を、人事課でピックアップしているか。有事の自衛隊のあるべき姿をいまのうちに考え、準備を進めておくべきだと思います。

宮嶋　たしかに有事になれば、平時の常識は通用しませんよね。

伊藤　もうひとつは法的な面ですね。自衛隊は軍隊ではないと言っているのに、ジェット戦闘機やトマホークを購入し、海外の軍隊と一緒に訓練をやっている。政府には自衛隊を維持するためになんとかして法の解釈をひねり出すような、大変な苦労があるんだと思います。しかし有事の際にも自衛隊の行動のひとつひとつに法的解釈を求めていたら、国を守ることは難しくなります。自衛隊の使命である国防をしっかり担うために、法的な面をクリアしてほしいですね。

宮嶋　最後はそこですよね。結局憲法九条に行き着きます。日本にはいまでもタブー視してる部分が多々あります。集団的自衛権しかり、原子力しかり。原子力は船や潜水艦の動力にもっと利用できないのかと思います。米軍の空母や潜水艦の動力は、ほぼ原子力です。

伊藤　原子力空母ってすごいと思われるんですけど、実は割とたいしたことないんですよ。

宮嶋 えっ、それはどういうことですか。

伊藤 あれは船のスクリューを回すのが無補給というだけで、艦載している航空燃料と乗組員の食事は、常に補給しなければなりません。その点、原子力潜水艦は本当にすごいです。全然浮いてきませんからね。潜水艦は原子力の効果を最大活用してると思います。

宮嶋 潜水艦にとってはベストな動力ですね。

伊藤 原潜（原子力潜水艦）は、水中でミサイルを撃たれても逃げ切れますしね。魚雷のスピードは五〇ノットぐらい。原潜は、私が知っている限り三五ノットぐらい出ます。そこには一五ノット差しかありません。魚雷は設計上、水中を進むときにプロペラを回す推進薬を減らして、敵を爆破する炸薬《さくやく》を増やしたいので、そんなに遠くまで行きません。ずっと水中で逃げ続ければ、やられないんです。

宮嶋 いま原子力潜水艦の性能、運用トップはアメリカですね。

伊藤 アメリカでしょうね、あれだけの数を造って運用してますから。

米国の真似ではない、日本の戦術思想に沿った防衛体制を

宮嶋 伊藤さんは、これからの自衛隊の海の守りをどうとらえていますか。

伊藤　特に何かを新しく構える必要はないと思っています。日本にも海兵隊が必要だという意見は、海兵隊がなんなのかわかっていない。アメリカのような大陸国家の陸軍には、海を見たことがない人間がいっぱいいるので、雨以外は濡れないと思っているんですね。そういう人間を海から上陸する作戦に投入しても役に立たないので、専門の部隊を創ったのが海兵隊です。島国の日本では、ほとんどの人が海を見たことがありますから、上陸すると言ってもビックリしません。陸上自衛隊を少しいじれば、海兵隊の機能を持たせることができます。

宮嶋　なるほど。

伊藤　島嶼《とうしょ》防衛で水機団（水陸機動団）ができるのは賛成ですが、陸上自衛隊の中にさらにもう一つ、海を知っている部隊を創る必要はないと思います。ちょっと教育すればいいだけの話なんですよ。たしかアメリカの海兵隊には、上陸作戦で海から上がったら五マイル以上先に行かないというルールがあったはずです。そこからは陸軍が引き継ぐんですが、イラクの海兵隊はバグダッドまで行ってしまい、だんだんルールがめちゃくちゃになった。

宮嶋　しかも一番乗りでしたから。

伊藤　そうそう。上陸は消耗戦です。身もふたもない言い方ですが、海兵隊は捨て駒なんですよ。そこには質の高い兵士はいりませんから、彼らは自分たちを自虐的に「ジャーヘッド」（筋肉バカ）と呼びます。でも気合いは入っている。

宮嶋　「レザーネック」（荒くれ者）ともいいますね。

伊藤　ええ。島嶼防衛はアメリカの真似をするのではなく、日本が想定する敵から、必要な部隊と隊員の能力や武器を考えればいい。沖縄や宮古島が危ないとき、自衛隊はどういう守り方でどこまで敵を押すのか。陸海空で任務を分け、様々な状況への対処を議論した上で、だからこれが欲しい、こういう訓練をするんだと説明すれば、予算は通るでしょう。でも現状では、多分そこまでしていない。

宮嶋　さっき伊藤さんが何度か触れていましたが、日本ならではの戦術思想を考えることが、自衛隊のアップデートに必要なんでしょうね。

伊藤　あれだけ国土が広く、人も予算もあるアメリカの真似をしても仕方がありません。日本には自分の身の丈に合った戦術思想が必要だと思います。北海道や沖縄で新たな防衛体制を築く時期ですから、特に意識してほしいですね。

宮嶋　アメリカの戦術思想をちゃんと真似できればいいんでしょうが、難しいですよね。

伊藤　やはり日本の文化にそぐわないものは、どこかで無理が生じてくるんでしょう。そういえば、私の祖母が防大（防衛大学校）の卒業式を見ていて、突然怒り出したことがありました。「いまの日本軍は、天皇陛下からお借りした軍帽を投げ捨てることを許可するのか」と。そのとき私は防大で指導官をやっていたので、祖母に茶碗を投げつけられました。軍帽を投げるのは米軍の真似なんです。米軍を見て、「あれカッコいいな。やろうぜ」となったんでしょうね。何かを参考にするのはいいんですが、気をつけないとつぎはぎだらけのものになります。

宮嶋　おばあさんは、驚いたでしょうね。今年の防大の卒業式は特に荒れてましたよ。パイプ椅子が飛びかいましたから。

伊藤　なんで荒れたんですか？

宮嶋　なんでも岸田首相がインドに行くとかで、卒業式が一週間延期になり、四年生が待たされたからかもしれません。

伊藤　ああそれで。

宮嶋　その卒業式延期で、岸田さんのウクライナ電撃訪問がバレたんですけどね（笑）。

章

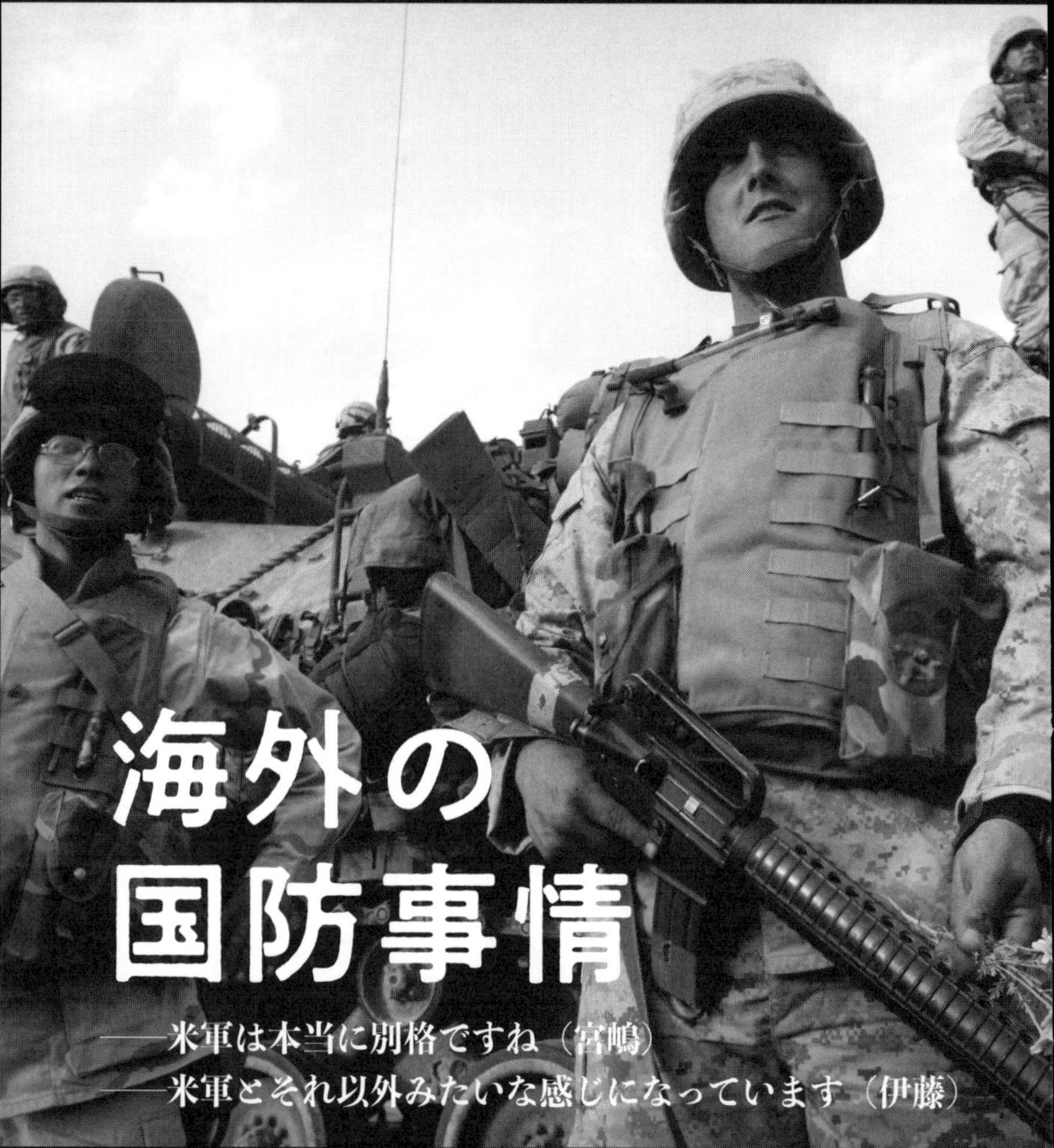

海外の国防事情

——米軍は本当に別格ですね（宮嶋）

——米軍とそれ以外みたいな感じになっています（伊藤）

世界から謎の集団に見える自衛隊

伊藤　外国と比較すると、自衛隊は謎の集団だと思います。軍隊を保持しないと宣言している憲法があるのに、最新鋭の兵器を有する集団がある。他国が「軍隊でしょ」と聞くと、「軍隊じゃない」と答える。

宮嶋　たしかに不思議に見えるでしょうね。

伊藤　「自衛隊は軍隊ではない」という事実と異なる前提は、様々な場面で矛盾を生み出します。たとえば必要な装備品があっても、どの場面でどう使うかとつながらない。「軍隊として国を守るため」という根本にあることを、はっきり言えないからです。ひとつの装備品を得るためにも、首を傾げるような理屈をいくつも考え出し、矛盾をとりつくろわなければいけません。

　こうした状況は、自衛隊が「なぜ？」と聞かれたときに、理由を答えられない組織にしています。私は自衛隊に長くいましたが、米軍を見るたびに、当たり前のことを当たり前にやる集団だと思いました。自衛隊が抱えるような矛盾は、米軍にはありません。

宮嶋　米軍が普通だと。

文藝春秋の新刊

7

2023

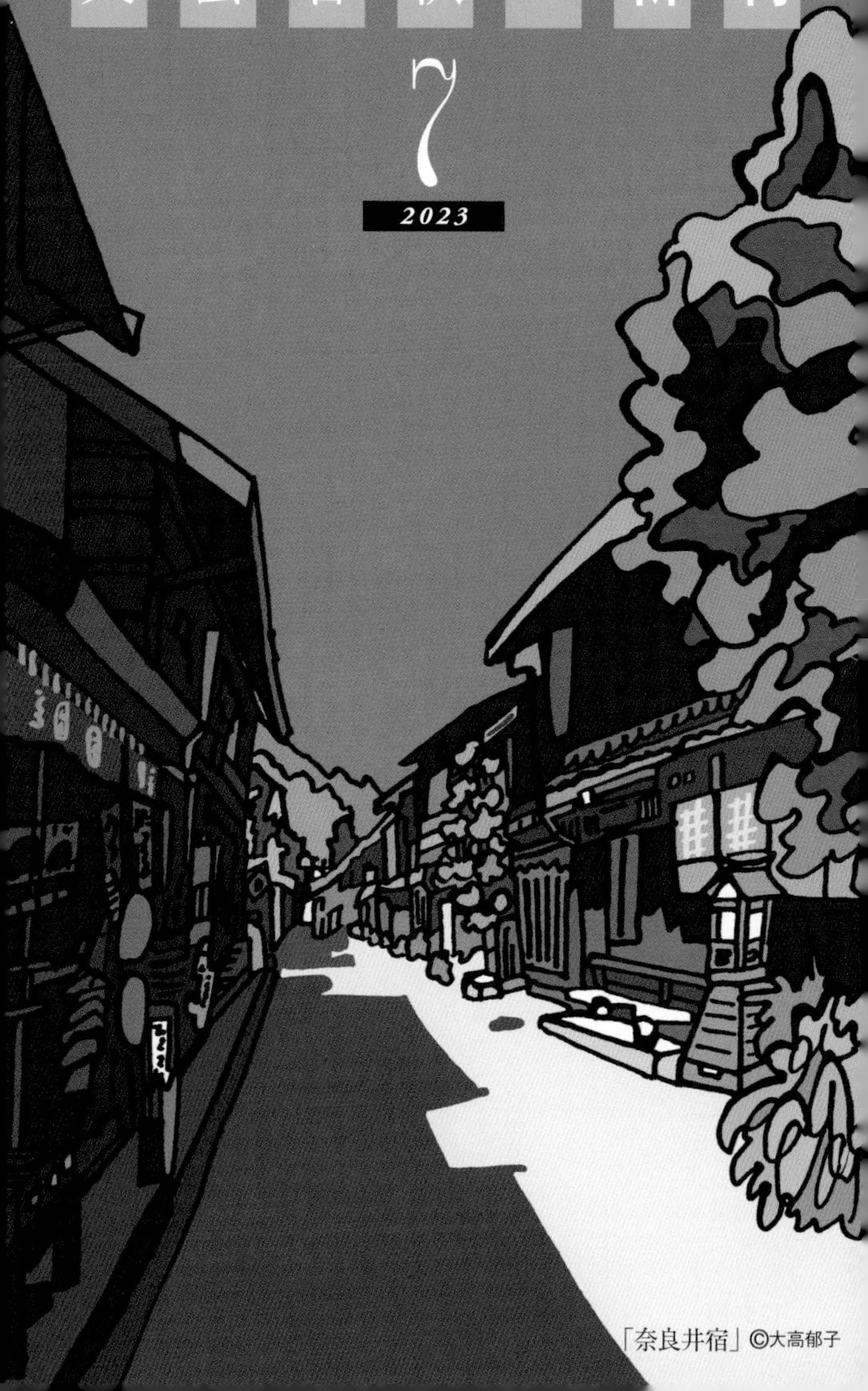

「奈良井宿」©大高郁子

◆発売日、定価は変更になる場合があります。
表示した価格は定価です。消費税は含まれています。

君たちはこの国をどう守るか

伊藤祐靖　宮嶋茂樹

●〝現代最後のカオス〟に挑んだ圧巻のノンフィクション大作！

自衛隊特殊部隊の創設に関わった伊藤氏と世界の戦場を撮ってきた宮嶋氏。戦場のプロフェッショナルふたりによる、シン・憂国対談

◆7月25日
四六判
並製カバー装

1650円
391728-3

イラク水滸伝

高野秀行

「水滸伝」さながら権力に抗うアウトローや迫害されたマイノリティが逃げ込む謎の巨大湿地帯〈アフワール〉とは？　前人未到の衝撃作

◆7月26日
四六判
上製カバー装

2420円
391729-0

悪役令嬢バトルロワイヤル　3

小川夏　岩咲兎夢子

●さようなら、ありがとう、全ての「悪役令嬢」

ゲームの悪役令嬢・ヴィクトリアに転生した主人公に訪れる最大のピンチ!!　クライマックスへ突き進む学園バトルロワイヤル、最終巻！

◆7月20日
B６判
並製カバー装

880円
090148-3

現代人気作家7人の豪華恋愛アンソロジー

二周目の恋

一穂ミチ 窪美澄 桜木紫乃 島本理生
遠田潤子 波木銅 綿矢りさ

858円
792063-0

視える臨床心理士×心霊探偵コンビによる新シリーズ！

その霊、幻覚です。

視える臨床心理士・泉宮一華の嘘

竹村優希

748円
792064-7

大藪賞&推協賞W受賞！ 新鋭が放つ骨太ミステリ

インビジブル

坂上泉

957円
792065-4

お

上91
下94
7920
7920

諸田玲子

徹底した取材から浮かび上がる「事実」の重み――必読の七短篇

帰艦セズ〈新装版〉

吉村昭

858円
792071-5

ヒーローか、それとも普通の大名か？

信長の正体

本郷和人

792円
792072-2

全米図書賞最終候補作！ オバマ元大統領も絶賛

パチンコ 上下

ミン・ジン・リー 池田真紀子訳

上下各1056円
792074-6
792075-3

トマ・ピケティ　村井章子訳

●米澤穂信、初の警察ミステリ！

可燃物

米澤穂信

上司には疎まれ部下にも好かれない。しかしその捜査能力を疑うものは誰一人としていない。それが葛警部。米澤穂信の新シリーズ始動

◆7月25日
四六判
上製カバー装

1870円
391726-9

●明日が怖いものではなく楽しみになったのは、あの日から――

私たちの世代は

瀬尾まいこ

感染症の流行に小学校時代を翻弄された冴と心晴。二人の女子は各々葛藤を抱えつつも、力強い味方もいて成長し、就活の季節を迎える

◆7月24日
四六判
上製カバー装

1870円
391727-6

●10ジャンル×10問、100問のクイズが楽しめる！

雑学×雑談 勝負クイズ100

河村拓哉　篠原かをり

クイズがきっかけで結婚したふたりが話のタネになりそうなクイズを考案して対決！　答えを出す過程の知的&刺激的な雑談も収録

◆7月7日
四六判
並製カバー装

1430円
391723-8

●欽ちゃんの亡き妻への〝ラブレター〟

ありがとうだよスミちゃん
欽ちゃんの愛妻物語

萩本欽一

最後にぼくはこう言いたい──。亡くなって今夏で三年になる妻・澄子さんへの思いをはじめ、欽ちゃんの名言満載のエッセイ集

◆7月10日
四六判
上製カバー装

1980円
391724-5

●「格差」とは何か？　世界的ベストセラー『21世紀の資本』著者による大注目作！

自然、文化、そして不平等
──国際比較と歴史の視点から

ピケティの最新思想がコンパクトな一冊に。資本主義の加速で「不平等」が拡大している。『人新世の「資本論」』斎藤幸平氏も絶賛

◆7月11日
四六判
上製カバー装

1760円
391725-2

伊藤 ええ。日本があまりにも特殊なんでしょうね。米軍で印象的だったのは、個人にものを託さない正しい組織づくりをしているところです。米軍の組織づくりは非常に巧みで、それを支えているのは人材教育システムです。米軍はどうしようもない人間を、ある程度使えるレベルに教育するノウハウに優れています。

宮嶋 それはどういうことですか。

伊藤 日本だったら優秀な人材をより多く育成しようとしますが、米軍はある程度使えるようになればOKという考え方です。日本人からしたらびっくりするような能力しかない人間でも、米軍は一定の期間で兵隊として最低限必要なレベルにまで持っていくことができます。五パーセントくらいは落伍しますが、ほとんどある程度使えるレベルにはなります。

宮嶋 イギリス、フランス、ドイツとはまた違うんですね。

伊藤 違うと思いますよ。一番おもしろいのは、アメリカの教官に個性はないんです。生徒から見て「あの先生いいね」というのがない。

宮嶋 映画では個性豊かな教官が出てきますが。

伊藤 あんなの嘘ですよ(笑)。教材は決まったものが配られ、それに沿って教育をしますから個性は出ません。パワーポイントの教官用のファイルには「ここでジョーク」とメモされていて、そのジョークの内容が事細かに記されています。でも、それじゃなきゃおかしいんですよ。米軍にとっては、組織の歯車のひとつをつくる場ですから。どの教官が教えても、同じ教育になる仕組みにしているんです。

宮嶋　マクドナルドのように、軍隊もマニュアルの世界なんですね。

マニュアル化が得意なアメリカ

伊藤　そうですね。米軍はチェックリストもなかなかです。アメリカの空母には、霧が出て視界が悪くなった際、態勢を変えるためのチェックリストがありました。これは一番若い将校が記入することになっています。ここからが素晴らしいんですよ。リストの一番上に「チェックする人はいるか」と書いてあるんです。

宮嶋　それはどういう……？

伊藤　チェックリストを書く人間はいるかということです。ごく当たり前のことですよね。その下には「舵を取る係の人間はいるか」などが並びます。すでに出航している船に面舵《おもかじ》係がいないわけがないのですが、当然全部チェックします。リストにある項目の三〜四割は、当たり前すぎて首を傾げる内容です。でも、将校はひとつひとつチェックをつける。

日本なら、こういう当たり前の項目は省略されていきますよね。

宮嶋　当たり前のことをチェックすることが大事なんですか。

伊藤　そうなんです。当然だとか、そんなの自明だと言って、絶対になければいけないものをチェックから外すと、十年に一度くらいの頻度で事故が起きる。アメリカは本当にバカみたいにチェックをやる。決して端折りません。これは誰がやっても確実な結果にするためです。

イラク戦争終結直後のバグダッドに集結した米軍

宮嶋　なるほど。アメリカはそういうマニュアル化が得意ですね。

伊藤　素晴らしいと思います。マニュアルやチェックリストは、大量の替えが利く兵士を生み出すことができます。日本は兵士が二〜

三人やられたら、代わりを育成するのに五年はかかるでしょう。

宮嶋　米軍と自衛隊では、兵士の厚みが違うんですね。

伊藤　米軍の話が続きますが、米軍は装備のクオリティもすごい。予算が日本の一二倍ぐらいありますから。

宮嶋　インターネットも、もともとは米国の軍事技術ですもんね。

伊藤　そうです。軍事における通信技術で思い出すのが、私が二十代前半の頃、横須賀で米軍の艦に乗ったときのことです。そこには大きなスクリーンに世界地図が表示されていて、マウスのようなものを動かすと、地図が大きくなったり小さくなったりしていました。そこには世界中の水中目標、水上目標、空中目標がリアルタイムに映し出されていたんです。横須賀を拡大したら、金谷と久里浜を結ぶ東京湾フェリーを示す印が表示されました。

宮嶋　それはすごい。

伊藤　それを見て、アメリカは地球規模でチェスをやっていると思いました。これでは勝負になりませんよ。アメリカは莫大な予算をかけて、自国を守るために必要なことを当たり前に実現し、現場が力を最大限発揮できる環境を用意している。アメリカの産業も根本的な部分で国家の方針に準じているから、いざというときにすぐ動きます。

宮嶋　ウクライナで活躍しているドローンも、通信環境の進化が実現させた兵器ですよね。

いまや戦場はインターネットで結ばれるようになっていますし。

伊藤 ネットでつながると、ますますチームワークが大切になるんです。それこそアメフトとか野球みたいに。それもやっぱり米軍の得意分野なんでしょう。

宮嶋 アメフトは、コーチとクォーターバックが無線でつながり、常に指示を出していますよね。

伊藤 ええ。海軍は広い海が舞台なので、もともと通信を取る文化があるんですよ。米海軍は巨大な衛星通信を持ち、地球の裏側の画像や映像を把握できるようになっています。アメリカはこの仕組みに、陸軍も巻き込もうとしています。最近では陸軍の兵隊にカメラを付けて、彼がどこで何を見て、何をやっているのかをリアルタイムにホワイトハウスでも見られるようにしていますね。

宮嶋 そうですね。ビン・ラディン暗殺(2011年)がそうでした。

伊藤 映画『ゼロ・ダーク・サーティ』(2013年公開、監督:キャスリン・ビグロー)ですよね。作品はおもしろかったですが、私は映画に描かれていた、上層部が指示を出す仕組みには懐疑的です。人間の脳はひとつですから、あんなにたくさん情報が表示される中で、複雑な判断を下すのは難しいのではと思います。ビン・ラディン暗殺は、場所がひとつだからあの仕組みが功を奏した。複数箇所で同時に進行する大規模戦闘であれば、話は違ってくるでしょうね。

宮嶋　米軍はこれからどうなるんですかね。

伊藤　巨大な通信システムもそうですが、なるべく現場の人間に任せず、全部報告させて全部指示できる世界を目指しているように見えます。現場に意思決定をさせないということは、末端の兵士がいまよりもさらに歯車になるということです。ある程度使えるレベルの兵隊を量産し、いつでも替えが利くようにするという米軍の戦術思想と合致しています。

絶体絶命のときに助けにきた海兵隊

宮嶋　米軍との接点で印象が強かったのは、バグダッドに来た海兵隊です。バグダッドの陥落が秒読みになると同時に街に暴徒が発生し、略奪や放火が始まりました。街の中心部にあるホテルにいた私たちは不安の中で脱出の準備をしていましたが、車が調達できなかった。ホテルが暴徒に囲まれて逃げられず、どうしようとなったときにやってきたのが、米国の海兵隊でした。それはもう感動的で。絶体絶命のときに海兵隊が助けにくるのは、映画『ジュラシック・パーク』（１９９３年公開、監督：スティーブン・スピルバーグ）と一緒だと思いました（笑）。それ以来、私は海兵隊贔屓《びいき》になりました。

伊藤 それはありがたかったでしょうね。

宮嶋 最初海兵隊の「AAV7」(米軍の水陸両用戦闘装甲車、日本では水陸機動団に配備)が来て、その後「M1」(エイブラムス、米軍の主力戦車、ウクライナにも導入予定)が来て暴徒を威圧していました。海兵隊と陸軍の一番乗り争いだったのかもしれませんが、海から相当離れているにも拘わらず、海兵隊の車両が来たことに、指揮官の臨機応変な対応を感じました。

伊藤 暴徒は収まりました?

宮嶋 もう一瞬で。アメリカ国内にも暴動がありますから、暴徒の扱いには慣れていたのかもしれません。イラクの暴徒はヘタレで、すぐに大人しくなっていました。やつらは放火してから略奪するんですよ。普通逆なのにね。バカでしょう? 暴徒を制圧した後、ここでも米兵は現地の子供に一ドル札をバラまいていました。

そういえば最近の海兵隊は強襲上陸の訓練をあまりしなくなりましたね。これからはドローンを使って夜間こっそり上陸みたいな訓練になるのかもしれません。最近の米韓の協同演習でも最後に「AAV7」が上陸して、発煙弾を上げて終わっていました。総合火力演習(通称総火演、国内最大規模の陸自の実弾射撃訓練)とよく似た感じでした。

伊藤 強襲上陸は消耗戦なので、アメリカは一番やりたくない。まあどの国もやりたくないですけどね。これまで上陸戦は戦術のひとつでしたが、ドローンができてやめられるようになったんでしょう。

海兵隊と言えば、びっくりしたことがありました。アメリカがグアムを奪還して五十周年という記念式典があり、そこでパレードをする海兵隊を現地に運ぶために、六週間ぐらい強襲揚陸艦に乗る機会があったんです。グアムが占領されていた日本から独立したパレードに米軍の海兵隊を送るのは、なかなか屈辱的でしたよ……。

宮嶋　わかります。

伊藤　沖縄で海兵隊をガーッと乗せるんですが、強襲揚陸艦の中にメディカルチームがいたんです。メディカルチームはシビリアンのお医者さんですから、ユニフォームは着ていません。人数は二〇〇人くらいいたかな。艦の中には広い医療施設があり、ベッドが八〇〇ぐらい置かれている。全通甲板からメディカルエリアに直接入るエレベーターがあって、空母みたいに大きな板がガーンッと上がるようになっていました。それを見て、海兵隊はそれだけの負傷者を想定した部隊なんだとわかりました。

宮嶋　強襲揚陸艦は病院船も兼ねているということですか？

伊藤　ええ。三分の一ぐらいが病院です。海兵隊が上陸して戦闘が始まると、負傷者を艦に連れ帰って手当てするんです。

宮嶋 『プライベート・ライアン』（1998年公開、監督：スティーブン・スピルバーグ）の世界ですね。

伊藤 ええ。日本だったら負傷者を泣く泣く置いていくかもしれませんが、米国はそうはいきません。出港のたびに、アメリカ本土から大勢のお医者さんを乗せてくるのは、海兵隊の消耗戦をやる覚悟を表していますよ。すごいことです。

宮嶋 伊藤さんは米軍の空母「キティホーク」にも一カ月ぐらい乗っていましたよね。

伊藤 ええ。ひとつの街という感じで驚きました。バー以外は全部ありました。教会、映画館、新聞を刷る印刷所まで。

宮嶋 空母では艦内新聞がありますからね。乗員航空部隊含め六〇〇〇部は保証で、優秀な記者もいるとか。

伊藤 放送局もやってますし。刑務所もあるし、裁判所もある。黒人と白人が二人並んでいて、何かと思ったらこれから軍事裁判だというんです。白人の士官が黒人を弁護すると言っていました。海兵隊員を連行する警察官は、犬を連れて歩いていました。空母に犬がいるんです。聞けば麻薬犬だというから、さらにビックリ。

宮嶋 空母の中での麻薬の取引を警戒してるんですかね。湾岸戦争のときに、女性の乗員の一割が妊娠していたぐらいですから、広い艦内にはクローズドスペースがあるんでしょうね。

伊藤　それから空母では選挙の投票もできました。私と司令官に、日本の衆議院選挙か何かの投票用紙をヘリが持ってきましたからね。

宮嶋　不在者投票ですね。

伊藤　そうなんです。日本にいないんだから選挙はいいやと思っていたんですが、米兵は「投票するのは国民の当然の権利だ。それを奪うようなことは絶対に許されない」と言うんですよ。やっぱりアメリカは、権利をちゃんと主張する国だと思いました。

宮嶋　キティホークに投票用紙が届くということは、日本側もちゃんとしていますね。

一挙手一投足が洗練されているイギリスの特殊部隊

宮嶋　イギリスはどうですか。日本と同じ島国ですけど。

伊藤　イギリスは、気の毒になるような装備品を使っています。イギリスの特殊部隊は、発砲する距離がアメリカと全然違うんですよ。アメリカは離れたところから撃ちますが、イギリスは三メートルまで近づきます。

宮嶋　三メートルとは、かなり肉薄しますね。

アフガニスタンの治安維持のため派遣されたイギリス軍（スコットランド連隊）

伊藤　この部屋にターゲットがあるとしましょう。アメリカは入り口のあたりで止まって撃ちますが、イギリスは突入したらターゲットに向かって一気に走りながら撃つ。その様子を見て、こりゃすげぇと思いました。

宮嶋　なんだかラグビーっぽいですね。

伊藤　そのときイギリスはヘルメットも被っていませんでした。彼らは走りながらちゃんと撃てる技術を持っているんです。まあ考えてみたら、じっとした状態で撃てるケースはまずないので、移動しながら撃つのは当たり前なんですけどね。ボクシングも常に動き回りながら、相手を攻撃しますよね。

宮嶋　まあ、そうですね。

伊藤　イギリス人は気難しく面倒くさいですが、一挙手一投足が洗練されているんですよ。

イギリス人とスーパーに買い物に行くと、小さいカゴに調味料や野菜や肉をあっという間に入れて、短時間で終了します。ところがアメリカのやつは、大きなワゴンを出してきて、かごにいろんなものを次から次へと入れて、うきうきしながら店内をくまなく回るからなかなか終わらない（笑）。

宮嶋　全然違うんですね。私のイギリス軍との接点は、アフガニスタンとコソボです。そのとき従軍したスコットランド連隊は、イギリス北部にあるハイランド地方出身者で構成された精鋭部隊でした。訛《なま》りが強い田舎者の印象が強く、ガラの悪さはアメリカと一緒（笑）。女性兵士が多かったのが印象的でした。

伊藤　イギリス軍は王室の人が軍隊に入ったり、現場に行ったりしていますよね。

宮嶋　そうですね。現在の英国王チャールズ三世も海軍に五年間所属していますから。英国王室は軍隊と結びつきが強いんでしょう。

戦艦「ミズーリ」ではしゃぐ中国の軍人

伊藤　宮嶋さんはＰＫＯなどで、各国の軍隊を見ていますよね。

宮嶋　ええ。コソボでアルバニア系難民がセルビア人の村を襲って略奪と放火をくり返していたときに、イギリス軍が来ましたが、米軍の海兵隊と違って警戒するだけで特に何もしませんでした。略奪した品を運ぶ大八車を捕らえることもしなかったのが記憶に残っています。コソボではドイツ軍も見ました。黙って警戒している姿が、とても規律正しく見えました。日本と同じ敗戦国ですが、NATO軍の一員として少人数で参加していました。いまのドイツ軍に、戦前、戦中のナチの匂いは皆無です。練習艦「かしま」の実習幹部と一緒に、キール（ドイツ北部の都市）にある士官学校を訪れましたが、そこも極めて規律正しい普通の士官学校でした。

ロシア軍は、最近のウクライナでも散々見ました。2015年のモスクワ赤の広場でも対独戦戦勝軍事パレードのリハーサルの最中、最新の戦車「T－14アルマータ」が故障で止まったんですよ。今回ウクライナにT－14がそれほど出てこないのは、何かと不具合の多い戦車だからなのかもしれません。

伊藤 そういうことなんですね。

宮嶋 リハーサルだからよかったですが、もしプーチンの目の前だったら、関係者は粛清されていたかもしれませんね。

伊藤 中国軍はどうです？

宮嶋 北京の軍事パレードを取材したときは、習近平（総書記）も参列しました。このときの中国軍はショーウィンドウ的な軍隊で胡散臭く、実力の参考になりませんでした。本当の姿を見たのは、真珠湾のリムパック（環太平洋合同演習）に来た海軍ぐらいです。

伊藤　真珠湾に中国海軍（笑）。

宮嶋　中国海軍はリムパックに二回来てるんですよ。アメリカが何を血迷ったのか呼んじゃったんです。病院船とイージス艦もどき、あとは補給艦が来ていました。イージス艦には私たち取材陣も入りました。

船は揺れるものなのに、内部にテーブルや椅子を縛着する装置がまったくなかったことに違和感がありました。

伊藤　船が揺れると、机がダーッと動きますからね。海が荒れているときは、鎖で固定するものなんですけど。

宮嶋　鎖がないのもそうですが、人が乗っている感じがまったくしなかったんです。変でしょう。

中国海軍は次の年も呼ばれたんですが、そのときすでに日本と尖閣で険悪だったので、オープンデーに日本国籍は民間人でも自衛隊員でも乗せないと言い出した。それで米軍が怒って、それ以降中国は真珠湾から出禁になりました。

伊藤　それは米軍も怒るでしょうね。

宮嶋 真珠湾には、日本が降伏文書を調印した戦艦「ミズーリ」が繋留されているんです。そこを訪れた中国の軍人ははしゃぐんですけど、あそこで降伏文書に調印した相手は中国軍と言っても国民党のほうですからね。人民解放軍じゃないんです。それでもみんな嬉しそうに記念写真を撮ってるので、「バカだ、こいつら」と思いました。その様子を私がまたバチバチ撮っていたら「撮るな、おまえ！」と怒り出して。「ここはアメリカだから撮るよ」って言うと、黙って逃げちゃいましたけど。

伊藤 それは笑えるなあ。

変わった武器を作るイスラエル

宮嶋 ほかに身近で見た軍隊と言えば、レバノン紛争でのイスラエル軍ですね。国防に手段を選ばない彼らはやりたい放題。夜間にヘリからファストロープで下りてきて、ヒズボラ（シーア派民兵組織、アラビア語で「神の党」を意味する）のリーダーの家を襲ったりするんです。銃声が聞こえてくるたびに、たまらなく怖かったです。

レバノンは国軍よりヒズボラのほうが怖いという国でして。イスラエルの攻撃に国軍は沈黙する中で、ヒズボラがロケット弾を撃ち返していました。イスラエルは、女性も徴兵している国として知られています。イスラエル製のセキュリティグッズは優秀なものが多く、ひとつの輸出産業になっています。銃身が折れ曲がる変わった銃もイスラエル製です。

伊藤　ああ「コーナーショット」ですね。

宮嶋　あれ、イスラエルの専売特許なんですよ。

伊藤　イスラエルはそういう変わった武器を作るんですよ。自分たちは一滴も血を流さないように。

宮嶋　合理的な考え方なんでしょうね。

伊藤　イスラエル軍は、個人的には知ってる人がいますが、彼が現役のときに会ったことはないですね。イスラエル軍はアメリカに似て、短期間で教育をして一定のレベルに仕上げることが非常に得意です。さらに彼らは自分の能力を高く見せることも、非常に巧みだと思いました。米軍はそんなことないんですけど。

宮嶋　イスラエルは国土が狭い国ですから、大きく見せたがるのかも。建国の際の複雑な事情もあるでしょうし。彼らは思い切ったことをしますもんね。イラクの原子炉を空爆したり、アイヒマン（アドルフ・アイヒマン、ナチスドイツの親衛隊中佐）を誘拐してきたりとか。

伊藤　見事な手際ですよね。

宮嶋 事実をもとにした映画『ミュンヘン』（2006年公開、監督：スティーブン・スピルバーグ）では、モサドがミュンヘン五輪事件の報復として「ブラック・セプテンバー」のメンバーを次々と暗殺していきます。主人公は暗殺チームのリーダーなんですが、経理のおっさんから呼び出され、首根っこつかまれて「おまえが何するか知らんが、領収書だけは取って来い。おまえがやる事に金を払う人間がいるんだ」とか言われるシーンがあるんです（笑）。

ドイツ、フランス、海の軍隊は似る傾向に

伊藤 宮嶋さんのお話を聞いて、いろいろ驚きました。私の経験を話すと、ドイツ軍とは船の世界でちょっと一緒になりました。

宮嶋 伊藤さん的には、やっぱりGSG－9《ゲー・エス・ゲー・ノイン》（ドイツ連邦警察対テロ特殊部隊）ですか。

伊藤 GSG－9もいましたね。

宮嶋 GSG－9と言えば、パレスチナゲリラのハイジャック事件（1977年）でモガディシュ空港で人質を全員無事解放していましたよね。あそこまで完璧な作戦っていうのは、なかなかない。

コソボにおけるNATO軍の一員としてのドイツ軍

伊藤　あの頃の日本は人質を取られると、多額の身代金を渡して犯人を解き放っていましたからね。ドイツは特殊部隊を突入させ、四人の犯人のうち三人を殺害し、一人は逮捕。人質の被害を出さなかった。すごい成果ですよ。

宮嶋　ドイツ軍は、ごく普通の軍隊という印象です。そんなフランクでもないし。海軍特有のものはありましたか？

伊藤　ないですね。私もドイツ軍の印象はごく普通です。船の世界では、他国の軍隊の特徴は特に感じませんでした。ヨーロッパはみんな似たイメージでしたね。

宮嶋　私もフランスの原子力空母「シャルル・ド・ゴール」に乗艦取材したことがありますが、フランスだからどうこうっていうのはまったくなかったです。艦内は一切撮影できず、許されたのは飛行甲板だけでした。多分核兵器も積んでたでしょうけど、航空機の発着艦は米軍と変わらない印象でした。クルーもまったく普通な動きをしていましたから。伊藤さんが仰るように、海の軍隊は似るんでしょうね。

伊藤 世界の海はみなつながっているからかもしれませんね。

宮嶋 海軍には国境の感覚は曖昧なんでしょうか。陸軍は領土を守るか攻めるかですから、国境を強く意識しますが。

伊藤 それはなんとも言えませんが、陸上自衛隊よりも他国の海軍のほうに親しみを感じることはあります。

宮嶋 なるほど。海軍にも国籍問わずシーマンシップ的なものがあるんでしょうね。

戦術思想が無きに等しいロシア軍

宮嶋 伊藤さんのロシア軍との関わりは？

伊藤 ほんの少し。相手は自分の立場をはっきり言いませんでしたけどね。彼らのテクニックは参考になりました。

ジョージア紛争中のロシア軍、最前線となったゴリ市郊外にて

宮嶋　どんなことですか。

伊藤　ライフルのような長物の銃がジャムったとき、即座に拳銃に切り替えるテクニックです。ロシアの特殊部隊のスペツナズが使っています。

宮嶋　それ、ビデオか何かで見たことあります。ものすごく滑らかな動きでした。

伊藤　彼らは切り替えるのが本当にうまい。ロシア軍に感じたのは、戦術思想が無きに等しいことです。はっきり言うと、粗野なんですよ。

宮嶋　日露共同訓練の取材でウラジオストクに行ったとき、私も同じように思いました。あのときは、自衛隊と太平洋艦隊で救難訓練をやったんです。

伊藤　やってましたね。私は行きませんでしたが、海上自衛隊から人を送りました。

宮嶋 海上自衛隊からは、護衛艦「くらま」が派遣されました。

伊藤 そうそう「くらま」が行きました。

宮嶋 あのときのロシアは、取材する私たちをＶＩＰ待遇してくれました。空港から市内に向かうときも、パトカーの先導が付くような大歓迎で。観艦式はいわゆる交差型ではなく沖止めで、陸から見る形式でした。

伊藤 艦隊同士が交差する交差型は、なかなかできないんですよ。船がぶつかってしまいますから。あれができるのは日本だけ。じゃあすごいのかっていうと、あんな技術は戦闘と何の関係もありません（笑）。

宮嶋 アメリカ海軍は観艦式をやらないですからね。伊藤さんが言っていた、合理性の極みなんでしょうね。「戦闘に何の関係もない」みたいな。

陸軍に比重を置いている韓国

宮嶋 伊藤さんから見た韓国軍のイメージは？

伊藤 古き良き日本という感じです。

宮嶋　特に陸軍はそうですよね。「かしま」で釜山に入港したとき、ソウルにある陸軍士官学校の研修に付き合ったんですけど、「日本の帝国陸軍の士官学校を最も参考にしたのはうちだ」といの一番に言われました。

伊藤　なるほど。韓国海軍の士官学校のほうは？

宮嶋　そちらも行きました。たしか鎮海《チンヘ》でしたね。

伊藤　ええ。私も「みょうこう」のときに行きました。韓国海軍の建軍五十周年を記念する、大韓民国国際観艦式に「みょうこう」が呼ばれたんです。とても歓迎してもらいました。

宮嶋　「みょうこう」の紹介のとき、アナウンスが北朝鮮のテポドンを追跡した船ですって言ったら、拍手が起きてましたよね。

伊藤　そうそう。よくご存じですね(笑)。

宮嶋　陸軍に比べると、韓国海軍は少しお粗末な印象でした。当時の韓国はろくな船を持っていませんでしたが、最近は独島クラスの揚陸艦や潜水艦がだいぶよくなったようです。敵は陸から攻めてくるという前提で、陸軍に比重を置いているのかもしれません。

伊藤　韓国にとって脅威は北ですから、陸上兵力には力を入れなければならないでしょう。

宮嶋　ところで韓国軍はかなり激しそうなイメージがありますが、伊藤さんから見てどうでした？

伊藤　激しいですよ。私が行ったときも部下をガンガン殴っていました。ビックリするぐらい殴ってました。殴りすぎだろう、おまえと思うくらい。

宮嶋　韓国には特殊部隊もありますよね。汚い話で恐縮ですが訓練でクソに浸かってる写真も見ました。

伊藤　肥溜めに入るのは、慣れればなんてことはないんです。うっかり落ちたと思えばいい。韓国軍は自衛隊並みに、米軍の影響を強く受けていますね。士官学校では成績優秀者のうち、一〇人くらいは米軍に行かせているんじゃないかな。組織は米軍式でも下は昔の日本という、不思議な二重構造になっている。

宮嶋　たしかに韓国軍は制服から何から、米軍と同じみたいですよね。将官の階級の星マークまで。昔は海兵隊が独立していましたが、いまでは米軍を見習ってか、行政的には海軍の下ですし。

伊藤　海兵隊は海軍の下にあっても、その中身は服や生活様式も全部陸軍式なんですよね。

宮嶋　おもしろいですよね。

伊藤　『トップガン』（１９８６年公開、監督：トニー・スコット）で大尉をルテナントって言うじゃないですか。あれは海軍だけなんです。空軍と陸軍では、大尉はキャプテン。

海軍でキャプテンは大佐のことです。中身は陸軍なのに、海軍士官学校から海兵隊には行けますが、陸軍士官学校からは行けない。

宮嶋　不思議議です。要は、海軍の中に陸軍持ってるみたいな。

伊藤　海兵隊はもともと海軍の中で生まれたんでしょうけど、陸と水の境目がバトルフィールドだと、陸軍の真似をしたほうがいいという判断になるんでしょうね。

アメリカの特殊部隊の実態

宮嶋　アメリカの特殊部隊と言えば、陸軍のグリーンベレー、デルタフォース（陸軍第一特殊部隊デルタ作戦分遣隊）、海軍のネイビーシールズなどが有名ですよね、伊藤さんはそれらとの関わりはあるんですか？

伊藤　あります。非常によく知っています。

宮嶋　デルタはしばらく公式的には一応存在しないことになっていましたよね。

伊藤　チャック・ノリスが『デルタ・フォース』（1986年公開、監督：メナハム・ゴーラン）で隊員の役を演じていたのにね。とっくにバレてるでしょうに（笑）。

宮嶋　『ブラックホーク・ダウン』（2002年公開、監督：リドリー・スコット）もデルタです。

伊藤 実は私、『ブラックホーク・ダウン』の登場人物のモデルになった一人と仲がいいんです。デルタ出身です。

宮嶋 ヘリで降下していくやつらですか？

伊藤 そうです。映画が公開された後に知り合いました。

宮嶋 当時の話を聞きました？

伊藤 いえ、お互いプロですから、マナーとして聞かないんです。プライド的にもね。彼らは私より年上なのでいま六十すぎ、もうちょっと行ってるかもしれません。現役を退くと、みるみる恰幅がよくなっていきました（笑）。

宮嶋 デルタには女性隊員もいるんでしょうか。グリーンベレーにはいると公表されましたし、ネイビーシールズにも門戸を開いたらしいですが。公には存在しないことになっていたデルタですから、確認しようがないのかな。

伊藤 デルタには、こいつすごいなと思うのがいましたよ。

宮嶋 どうすごいんですか？　言えないこともあると思いますが……。

伊藤 仕草です。コップの持ち方ひとつ違う。コップの持ち方には、道具の使い方のレベルが全部出るんです。重心移動を気にする持ち方、気にしない持ち方がある。たとえばナイフでリンゴの皮をむくとき、道具を上手に使おうとする人は、重心をコントロールしながらむきますよね。重心変化を気にする習慣のある人は、銃も刃物も使い方が上手い。

宮嶋　なるほど。コップの持ち方ひとつで。

伊藤　すごさは仕草に出るんですよ。彼は私にだけ元デルタと教えてくれました。

宮嶋　特殊部隊同士、伊藤さんに共通するものを感じたんですね。

伊藤　ウイスキーを飲んでても、グラスの氷を漫然とクルクル回すのではなく、クッと止めるんですよ。こいつは違うと思いましたね。彼はシールズにもいたそうです。

宮嶋　シールズはビン・ラディンの暗殺のほかにも、いっぱい仕事をやってるんでしょうね。伊藤さんから見て、シールズはどんな部隊ですか。

伊藤　わかりやすく言うと、コソコソ行こうとする部隊ですね（笑）。米軍ってコソコソするの苦手じゃないですか。だいたい最初艦砲射撃で徹底的に叩いてから、エンジン付きのボートで海兵隊が乗り込む。でも、シールズは特殊部隊ですからコソコソ行こうとします。

宮嶋　たしかにそうですね。海兵隊の特殊部隊は、フォース・リーコン（米海兵隊武装偵察部隊）になるんでしょうか。

伊藤　フォース・リーコンの位置づけは曖昧ですね。特殊部隊が担うような任務にあたりますが、フォース・リーコンは、ソーコム（SOCOMアメリカ特殊作戦軍。陸海空、海兵隊の特殊部隊を統合指揮）には入っていないんです。

軍隊では優秀な人材は一握り

伊藤 軍隊は、組織を維持するだけで大変です。自衛隊の場合、実戦的な訓練を毎日することは不可能なので、三割から四割は掃除や回れ右といったことをやっています。実弾を撃つことはめったにありません。私の知る限り、いつでも使えるかたちで武器弾薬を備蓄し、戦闘の準備をしているのは米軍だけです。どこの国の軍隊も、みなどこかで我慢しています。

宮嶋 米軍は本当に別格ですね。

伊藤 米軍とそれ以外みたいな感じになっています。

宮嶋 世界ナンバーワンの米軍には、ナンバーツーからナンバーテンまでが一緒になっても勝てない。

伊藤 米軍は予算もすごいですから。アメリカの軍事予算は世界一。二位が中国で、三位がロシア。

宮嶋　現在、中国は一所懸命、増やそうとしていますね。

伊藤　そうですね。でも米海軍は空母一隻で、普通の国の空軍と海軍を合わせた予算ですから、なかなか追いつかないでしょう。

宮嶋　米軍は兵力も多いです。海軍だけで三五万人いて、空母一隻だけで六〇〇〇人ですから。

伊藤　歴史を振り返ると、軍隊は貴族の領主が自分の領土を守るために作ったものです。兵隊からすれば、嫌な仕事には行きたくない。すると、そこには領主や領土への犠牲的精神に満ちあふれている人か、ほかに仕事がない人が集まります。ほとんどは後者で、優秀な人は一握りです。

宮嶋　そうなりますよね。

伊藤　ところが日本の国民は、能力面で言うと中間部分が厚い。九九が言えるというような義務教育で培った日本人の平均的能力は、他国の平均より上です。軍隊に求められる犠牲的精神も、察する文化や歴史の中で育まれてきた集団主義によって、高い傾向があると言えるでしょう。

優秀な人がこぞって自衛隊を目指さなくても、こういう性質を持つ国民で作られている自衛隊は、他国の軍隊と比べて非常に優秀と言えます。これは自衛隊が世界に出たときに、よくわかります。自衛隊は他国の軍隊を気にするよりも、まず自分たちの能力に自信を持ってほしい。

誤解している人がいますが、平均層が厚く犠牲的精神が高い日本人で構成される軍隊でも、自衛隊は旧軍とはまったく異なる組織になっています。これはみなさんにもっと知っていただきたいところです。

日本の自衛隊を変えた二つの特殊部隊

宮嶋 平均的能力が高く中間層が厚い分、日本人にはエリートが生まれにくいとも言えますね。

伊藤 日本人はみんなと同じことができないと恥ずかしいと思う性質が、平均層を厚くしたと思うんです。平均から飛び出して上に行くことも躊躇《ちゅうちょ》する。平均から飛び出た人を活用する組織ができればいいんでしょうけど。

宮嶋 飛び出た人とは、まさに伊藤さんのことでしょう。

伊藤 あはは。組織についてのいろいろは荒谷卓《あらやたかし》（元特殊作戦群群長）という、飛び出たおじさんに任せていました（笑）。

宮嶋　荒谷さんも、凄まじい人ですよね。伊藤さんと荒谷さんのお二人が日本に特殊部隊を作り、自衛隊を変えたとも言えるのでは。

伊藤　変えられずに、自分たちが去ったという感じですけどね。

宮嶋　特戦群（特殊作戦群）はまだ一回も、われわれのような取材陣に公開されていません。誰かが偶然どこかで会ったというケースはあるんでしょうけど、いまのところデルタフォース的扱いになっています。

伊藤　部隊はちゃんと存在していますけどね。

宮嶋　どんな訓練をしているのか、まったくわからないんです。

伊藤　私も知らないということにして下さい。

宮嶋　そうなんですか。

伊藤　たしか都知事に公開してなかったかな。

宮嶋　そうですか。小池さんと石原さん、どっちの都知事ですか？

伊藤　石原さんだったと思います。

宮嶋　特殊作戦群は陸上自衛隊、特別警備隊は海上自衛隊。同じ特殊部隊でも、陸と海の文化の違いがあるのでは。「12式（ひとにしき）地対艦ミサイル」（12式地対艦誘導弾）は、「ひとに」と言ったら陸で、「ひとふた」と言ったら海ですし。

伊藤 たしかに違いを感じることは多いですね。

宮嶋 つい「ふたじゅっきろ」と言ってしまい、「おたく、海自の人ですか？」と陸自の人にバレることがあるようです。さきほど伊藤さんがご紹介くださった、米国海軍と海兵隊で階級の呼び方が違うのもそうですが、どの国の軍隊でも言葉はもちろん、醸し出す雰囲気が陸と海では違いますね。

時代と共に変わる軍隊と国民の関係

伊藤 映画『幸福の黄色いハンカチ』（1977年公開、監督：山田洋次）には、無事に帰ってきてほしいと黄色いハンカチを家に掲げるシーンがあります。あるときアメリカの軍人から、あれはアメリカの騎兵隊から始まった習慣だと聞いて、アメリカの国民は軍人を尊敬しているんだなと思いました。その彼に「日本はどうなの」と聞かれたので、「石を投げられたりする」と答えたんです。

宮嶋 えっ？

伊藤 意外なことに、彼は全然驚きませんでした。「そうだよな。俺らだって昔はそうだよ」って。言われてみれば、アメリカにもそういう時代がありましたよね。

宮嶋　ベトナムの反戦運動が盛り上がっていた頃でしょうか。

伊藤　そうです。軍隊と国民との関係にも、波があるんですね。

宮嶋　アメリカの国民は、いまは軍隊を受け入れてますよね。映画でも『愛と青春の旅立ち』（1982年公開、監督：テイラー・ハックフォード）や『トップガン』に感じます。レストランで軍人は待たなくていいとか。

伊藤　ミリタリーディスカウントもありますもんね。軍人だと一割ぐらい引いてくれます。

宮嶋　最近、石垣島駐屯地開設記念行事の取材に行ったのですが、指揮官への記者会見では地元紙記者から「迷彩服で町のなかに出るのをひかえてほしいと地元が要望しているが」なんて質問が出たんです。「いつも通りの自衛隊への嫌がらせだな」と思っていたら、指揮官が「私たちがいかにこの迷彩服に国を守る使命感と誇りを持っているかを説いていきたい」と答えたことに驚きました。まさに誇りと自信を感じる返答でしたよ。

伊藤　その答え、いいですね。誰ですか、その人。

宮嶋　井上（井上雄一朗）さんっていう、一等陸佐の人でした。

伊藤　立派ですね。昔だったら、言われっぱなしで終わっていたでしょう。ずいぶん変わりましたね、自衛隊も。

宮嶋　映画と自衛隊の関係も少しずつ変わってきています。『ガメラ』（『ガメラ　大怪獣空中決戦』１９９５年公開、監督：金子修介）あたりから、自衛隊は怪獣映画に協力するようになりました。昔の『ゴジラ』（１９５４年公開、監督：本多猪四郎《いしろう》）からしばらくの間、スクリーンに映っていたのは「なんちゃって自衛隊」。タイトルに名前が入っている『戦国自衛隊』（１９７９年公開、監督：斎藤光正）ですら、自衛隊は一切協力しなかった。それが金子修介監督の『ガメラ』あたりから変わってきて、それ以降の『ゴジラ』（『ゴジラ×メカゴジラ』２００２年公開、監督：手塚昌明）に続いています。最近だと『シン・仮面ライダー』（２０２３年公開、監督：庵野秀明）でも自衛隊が協力してるんですよ。自衛隊の広報が頑張っているんでしょう。

伊藤　テレビドラマやバラエティ番組でも、自衛隊を取り上げることが増えましたよね。自衛隊の扱いは、昔と比べると隔世の感があります。なだしお事件（１９８８年、海自の潜水艦「なだしお」と遊漁船が衝突。遊漁船が沈没、乗客乗員三〇名が死亡）のとき、まだ状況がわからない事故後二日目あたりで、海幕長が記者に質問されたんです。海幕長は「なだしおに致命的なミスはない」と言いました。記者がその理由を訊ねると、「艦長は私の部下だからです」と答えたんです。

宮嶋　なだしおは遊漁船の乗員を助けずに見ているだけだったとか報道も一方的で、世論も批判的に誘導されてましたよね。

伊藤　ええ。その中で海幕長が「あの艦長がそんな非人道的なことをするはずがない」と言ったことで、艦長は救われるだろうなと思いました。親分はこうあるべきだというくらい、かっこよかった。ところがそのあと海幕長はものすごいバッシングを受けました。それ以降、海上自衛隊は言い切るのを避けるようになったと思います。

宮嶋　なだしお事件は、裁判の結果が出ましたから。

伊藤　そうですね。

宮嶋　裁判では遊漁船第一富士丸船長の行動が、いかにいい加減だったかがわかりましたよね。当初の新聞報道の独り歩きに、海上自衛隊、全自衛隊は打ちのめされたと思います。黙って耐えるしかない、非常に苦しかった時期でしょう。本当のことを言っても、誰も聞いてくれなかった。結局、裁判の結果を待つしかなかった。

その当時と比べれば、世論はだいぶ変わりましたよね。災害派遣が自衛隊の存在感を大きくしたんだと思います。阪神・淡路大震災（１９９５年）あたりから、がらっと変わりましたから。あのときは、自衛隊出動をためらった村山富市首相が叩かれました。あれ以降、法令も変わりました。

伊藤　そうですね。いまは災害の程度によっては、自衛隊が自動的に出動できるようになっていますからね。

第四章

この国をどう守るか？

——案外台湾は、なかなか中国の思うようにはいかないのでは（宮嶋）

——ポイントは、米軍の介入がどこまでになるかです（伊藤）

地政学から見た日本の「いまそこにある危機」

宮嶋　伊藤さんの家には、南北がひっくり返った日本地図がありますよね。

伊藤　はい。

宮嶋　あれは説得力がありますね。日本がどういう状況にあるのかが、よくわかります。

伊藤　地図を逆さにすると、ユーラシア大陸から海洋に抜ける出口がはっきりするんですよ。大陸にある国にとって、日本がどれだけ邪魔くさいか一目瞭然になります。中国からすれば、台湾と宮古島付近を抜きたいでしょうね。

この地図に水深が入ると、潜水艦が抜けたいところも見えてきます。二〇〇メートルの大陸棚が尖閣を走っていることがわかるんですが、潜水艦は二〇〇メートルに入ると、音が狭いところに反響するので非常に緊張します。

宮嶋　ああ、なるほど。

伊藤　そういう場所に尖閣があるんです。さらに視野を広げると、シーレーン（有事の際、確保せねばならない海上交通路）が見えてきます。

宮嶋　フィリピンのほうですね。

伊藤 はい。シーレーンは日本の生命線です。マラッカ海峡、南シナ海、バシー海峡で船舶の運航を止められたらやっかいです。北に目を向ければ、宗谷海峡、津軽海峡、対馬海峡もある。地図を逆さにすると、ロシア・中国・北朝鮮にとっての日本の姿が見えてくるんです。

宮嶋 アメリカの基地が沖縄にあるのは、中国にとってみれば、アメリカの喉元に突き刺さっているキューーバみたいなものですよね。津軽海峡は国際海峡になっているので、外国の船が通れる。あそこをなぜ外国船が普通に航行してもいいのか、ちょっと解せないですけどね。

伊藤 たしかに。

宮嶋 こういう危険を認識していないのは、日本人の意識の弱さですよ。ウクライナがロシア一国であれだけ苦しんでいるのに、日本はロシア、中国、北朝鮮の三国を同時に相手にする恐れがある。中ロは仲いいですから、北からロシア、南から中国、空から北のミサイルにやられたら前の大戦末期と同じ状況になるでしょうね。もうそうなったら日本はお手上げです。しかも三国とも核保有国でその中にはコントロールの利かない北朝鮮がある。

いまの日本はウクライナとは比べ物にならないくらい深刻な状況ですよ。地続きの他国に逃げられない、食料は自給できない、そして核保有国三つに囲まれている。隣に仮想敵国が三つもいるっていうのは脅威です。ウクライナは西側に支援を期待できるポーランドが陸続きでありますが、日本の場合は四方が海です。二重、三重、四重くらいに不利な状況かと。戦う気概を見せれば、国際社会の支援が得られるでしょうが、沖縄の反米活動なんかを見たら、誰も支援の手を差し伸べようと思わないでしょう。

伊藤　そうですよね。

宮嶋　「日本が戦争になったらどうしますか」というインタビューで、ほとんどの若い人は「僕は逃げる」と答えていましたが、おまえら戦争になったらどこに逃げるんだと（笑）。

伊藤　この島国でねえ。周りは海なのに。

宮嶋　成田からちゃんと飛行機が飛ぶと思ってんのかと。『日本沈没』（小松左京、角川文庫）みたいに山に逃げるのはありかもしれませんが、まあ真剣に考えてない証拠でしょうね。

伊藤　日本には、エネルギー問題もありますしね。

宮嶋　エネルギーも自給できませんからね。エネルギーの輸入を止められたら、戦争になる前にギブアップするような気がします。戦前のＡＢＣＤライン（ＡＢＣＤ包囲網、太平洋戦争前夜の米英中蘭による経済的な対日包囲網）みたいな。次に包囲網が敷かれるとすれば、「Ｒ・Ｃ・Ｋ」になるんでしょうかね。

伊藤　ＲＣＫ（笑）。

宮嶋　ＲＣＫでも、ずいぶんきついですよ。日本海側は全面敵ですから。これに韓国まで加わったら、もっとえらいことになります。ロシアがウクライナで苦戦が続けば、腹いせに日本にちょっかいを出してくるかもしれないですよ。１９４５年8月9日に、ソ連が突然宣戦布告して満州になだれ込んできたように。

伊藤　歴史は繰り返しますからね。

軍事力ではない、日本独自の抑止力

宮嶋　ソ連は対日参戦で北方領土を手に入れた、今度は北海道を盗るとか。いまやプーチン大統領は皇帝のような存在ですから、「スターリン同志の遺志を継ぐ」と言い出してもおかしくない。現在すぐは無理でしょうが、警戒すべきだと思います。

伊藤　仰る通りです。

宮嶋　ウクライナのように自分の庭に侵入されて、家族や友人が殺されたら世論はガラッと変わるでしょうが、そうなってからでは遅い。ロシアも中国も、もし日本に侵攻したらコテンパンにやられ、上陸部隊の半分は洋上で沈むという脅威を与える装備を持つことが、

周辺国は日本を軍事力でない部分で警戒しています（伊藤）

唯一戦争を避ける方法ではないかと私は思うんです。

伊藤　私が知る限り、周辺国は軍事力ではない部分で日本を非常に警戒しています。「日本は急に気が変わる恐ろしい国」と受け取られている。韓国で「高倉健の映画みたいにやられる」と聞いたことがあります。

宮嶋　韓国人に言われたくないですよね、気が変わるっていうのは。

伊藤　ある年配の女性がこう言っていました。

「昔、手漕ぎボートで対馬から渡ってきた日本人がいた。同じ手口で何度も騙してお金を取ったが、そのたびに許してくれた。でも三回騙したら、その日本人は日本刀を持って追いかけてきて、視界に入る韓国人を女子供含めてみな殺しにしようとした」

宮嶋 倭寇ですかね。

伊藤 その日本人は最後に自決するらしいんですけどね。だから日本人は何度でも騙せるけど、突然殺しに来るから騙してはいけないと言っていました。同じことをラオスでも聞きました。そう言われれば、日本人にはそういう傾向があるように思います。自分の中にも感じます。電車の中で調子に乗ってる小僧がいると、しばらく我慢して、五分我慢したからもういいよな、とか(笑)。もちろん実際に手を出すことはありませんが、心の中では納得がいくタイミングを見計らってますもんね。

宮嶋 伊藤さんが言うとリアルですね(笑)。

伊藤 映画の高倉健が耐えに耐えて、ぶち切れてひどいことをしても、そこに賞賛を贈る文化が日本にはあります。

宮嶋 しかしいま流行っているのは、韓流ドラマですからねえ(笑)。

伊藤 たしかに。でも明治維新だって、江戸二百七十年の究極の平和ボケ後のことでしょう。

宮嶋 はい。しかも主要メンバーは二十代です。

伊藤 表面的には変わっているように見えても、日本人の根っこには変わらないものがあるんじゃないでしょうか。竹槍で「鬼畜米英!」とやっていた頃から、まだ百年も経っていない。それを多分近隣諸国は知っているから、日本を警戒しているのでは。

宮嶋　なるほど。そうですね。

特攻を選択した精神の根底にあるもの

伊藤　チャーチルの回顧録に「日本は外交を知らない」という一文があります。「日本に無理難題を押し付けていったら、最後に戦艦プリンス・オブ・ウェールズを撃沈された（1941年、マレー沖海戦）」と。チャーチルは「日本人は無理な要求をしても怒らず、反論しない」と語っています。次々と笑顔で無理難題を呑む日本を見て、議会はもっと要求しろと言う。イギリスにとって外交とは、反論する相手国を交渉でねじ伏せることであり、これではチャーチルが政治的な成果を挙げていないように見えるからです。そこでさらに無理難題を要求すると、突然日本人は笑顔を消し去って「譲歩に譲歩を重ねたのにどういうことだ。もはや刺し違えて死ぬしかない」とキレる。それほど嫌なら、なぜ交渉しようとしないのか。日本は理解不能だという話です。

宮嶋　かつての日本は、ワシントン海軍軍縮条約（1922年）でも無理難題を押し付けられましたからね。

伊藤 はい。衝突が起きた場合、日本は我慢するのではなく、ちゃんと意志を示すことが大事なんだと思います。「戦争になったら僕は逃げます」と言っていたのに、あるとき全員気がおかしくなったように竹槍で突っ込んでいくなんて、どうかと思うじゃないですか。

宮嶋 玉砕精神がまだ生きてるような感じですかね。

伊藤 ええ。それから、国民は政府の弱腰を批判しすぎないほうがいいでしょうね。世論に押されると、一気に反対方向へ動くかもしれない。私の友達は、みんな日本の特攻隊のことを言いますよ。「おまえの国は怖い」と。

宮嶋 友達って海外の友達ですか。まだ特攻隊のイメージってあるんですか。

伊藤 ありますね。二十世紀の最初に日露戦争があって、大平洋戦争が始まって特攻隊。海外の人たちは、日本がロシアに勝ったことと神風アタックのイメージは根強いんですが、なんで特攻が起きたのかわからないんですよ。

宮嶋 当時の米軍の恐怖たるや、相当なものだったでしょう。

伊藤 理解できないからこそ、ものすごい恐ろしさだと思うんですよね。当時の日本は兵隊に死を要求することに違和感がなかった。上官に「遺書を書け」と言われると、部下は納得してしたためていました。こうした精神はもしかすると現在も存在しているのかもしれませんね。

宮嶋　伊藤さんの部下も、1999年の不審船を追跡した「みょうこう」のときに。
伊藤　はい。
宮嶋　最後は悟り切ったような表情で海上警備行動の任務に赴こうとしていたんですよね。
伊藤　ええ。そこの感覚が外国とズレているのはわかるんです。自分の権利ばかりを主張することを「はしたない」と感じる文化は、いまの若者にもあります。それは自分の命のとらえ方と関係があるんじゃないかと思うんです。自ら特攻に向かう兵隊の心理は礼賛しませんが、悪いこととも思わない。そこを他国の人は敏感に見ています。
　軍事予算を増やすことと同じくらい、実は九十年前の特攻隊の記憶が日本を守っているのかもしれません。
宮嶋　『男たちの大和　YAMATO』（2005年公開、監督：佐藤純彌）や、『永遠の0《ゼロ》』（2013年公開、監督：山崎貴）などの戦争映画がヒットすると、若い人もたくさん観に行きます。それは伊藤さんの仰る部分に共鳴するからですかね。「滅びの美学」にも憧れるような。
伊藤　たしかにそうですね。
宮嶋　忠臣蔵もそうですよね。悲劇の結果を知ってるのに、何度も観てしまう。
伊藤　以前、ハリウッドでベッドルームが十二部屋もある家に住んでいる人を、知り合いのアメリカ人の子供がみんな尊敬していることに驚きました。でも、日本人の子供はそういうお金持ちをあまり尊敬しない。「なんでそんな広い家が必要なの?」と不思議がる。

宮嶋 ああ、そうか。

伊藤 それは「はしたない」につながる価値観なんですよね。金持ちをすごいと思いつつ、どこかで「なんかおまえ悪いことしてるだろう」という感覚が日本人にはある。

宮嶋 そうですよね。

伊藤 日本で日本人に囲まれて生活していると、日本人に特有の価値観を意識することは稀ですが、そういう感覚は、みんなつながっているのかもしれません。

中国、北朝鮮、ロシアにどう対処すればいいか

宮嶋 芥川賞作家の砂川文次さんの小説『小隊』(文春文庫)に、ロシアが北海道に攻めてきて自衛隊と戦う話があるんです。

伊藤 元自衛官の砂川さんですね。

宮嶋 ええ。その辺のチャラ男がいざとなったら活躍したり、日頃ブイブイ言わせている古参の下士官が最前線で頑張った挙げ句逃げ出したりというところがリアルな作品です。

小説と現実は違いますが、沖縄や尖閣諸島沖の領海に侵入を繰り返す中国、北朝鮮のミサイル、ロシアの北海道侵攻など、現在直面する脅威に日本はどこまで対処できるのか、考えさせられる作品でした。

伊藤　ええ。

宮嶋　国際社会の支援、特に米軍が日本側にいなければ悲惨なことになるでしょう。そこは攻めるほうも当然わかってますから、アメリカだけには出てきてほしくない。アメリカは口では「なんとかする」と言っていますが、それを現実にするためにも、日本人がまず前に出て戦わないと。自分らは後ろに隠れてたら、アメリカは助けてくれません。

伊藤　弾が飛んできたら、「おまえは俺を助けろよ。でも俺はおまえを助けない」というのではねえ。PKOなら「じゃあ帰れよ」と言われますよ。

宮嶋　アメリカ人からしてみたら、いくら日本に基地を置いていても、なぜアメリカの若者の血を流してまで日本を守らなければならないのかと思うでしょう。でも、まあ一番怖いのは中国ですよね。北朝鮮は口だけですから。

伊藤　こう言うと語弊がありそうですが、私は北朝鮮を見事だと思うことがあるんです。あの国は、どさくさにまぎれて、いつの間にか核保有国になった。冷徹に国益を追求する姿勢に、憧れすら感じますね。

宮嶋　それは意外です。

伊藤　だってですよ、世界最強の軍隊を持つアメリカに一ミリも退かず、自国民の餓死を乗り越え、なんだかんだ言ってアメリカに核弾頭が届くミサイルをつくったわけですから。だからいまもアメリカと対等に話をするじゃないですか。それに比べてうちのボスは。エサを目の前に置かれた犬じゃないんだから。

宮嶋　なるほど。その理論で言うと、日本も核を持てばいいという意見があります。核保有国は増える一方で、核武装をやめたのはウクライナと南アフリカぐらいですよね。北朝鮮もパキスタンも持っている。日本が音頭を取って「核をやめましょう」と言っても、核を持たない国の説得力はゼロです。核を保有し、その上で「私も廃棄するからみなさんもやめましょう」と言うならまだわかる。そういうことであれば、日本の核保有に賛成します。でも現実的にイタリア・ドイツ・日本という敗戦国の核保有は、かなり難しいところがあるでしょうけど。

伊藤　たしかに日本の核保有は、いろいろな意味で難しいでしょうね。核兵器の問題のひとつは、保有した瞬間に国際法違反ということです。戦争は兵隊同士でやるものという国際法に違反し、核兵器は民間人も大量に殺す兵器ですから。もうひとつは、使ったら終わりという点。でも、それなら刺し違える覚悟で戦ったほうがよっぽどマシ。

現実的に日本をはじめ敗戦国の核保有は難しい（宮嶋）

宮嶋　刺し違えると言うと？

伊藤　核保有国同士であれば、核を使えば相手も核で報復します。しかし国民すべての命で刺し違えますよと言えば、核と同じくらいの恐怖を与えることができるかもしれない。

宮嶋　なるほど。

伊藤　すでに九十年前に、特攻というかたちで実行しているんですから。普通の国なら決してやらない、全滅覚悟で攻めてくると思えば恐ろしいですよ。

宮嶋　一億総火の玉ですね。

伊藤　明治維新と太平洋戦争で外国を相手に二回ぶち切れたこの国が、今度切れたら核と同じようなことをするよと、上手にほのめかせばいい。まあそれだけ口の立つ政治家がいるとは思えませんけどね。いまは一億総火の玉なんて誰も想像しませんが、極端から極端に移行する性質を秘めている日本人ですからね。今後どうなるか、日本人の私ですら危惧しています。

宮嶋 そうですね。でもその際は、勇気も必要ですよ。イスラエルみたいに、敵国に侵入して原子炉を破壊するぐらいの覚悟と勇気が。

伊藤 「日本は怒らせたらヤバいやつ」「核と同じくらいの脅威となる行動を取る国民」という匂いを上手に漂わせることも抑止力になりますよ。

台湾有事はどう進行するか

宮嶋 台湾有事に注目が集まっています。もし台湾有事になったら、事態はどう動いていくと予想しますか。

伊藤 前回中国が台湾を脅かしたとき、米軍の空母が台湾海峡に二隻入ったらパタッと止まりましたが、いまでは難しくなっているでしょう。台湾の北側、大陸との間は水深が二〇メートルぐらいしかありません。空母には原潜が護衛につきますが、あの水深では原潜は入れない。入れて、水中を動けるのは北朝鮮の小型潜水艇だけです。北朝鮮はこの小型潜水艇を二〇隻ぐらい持っていると言われています。

水中を制すれば、空母は入れない。ということは、中国は小型潜水艇を自前で作るか、北朝鮮から買うかすれば、空母を阻止できる。初戦はその争いがあると思いますね。

宮嶋 なるほど。

伊藤 動き出してしまえば、戦闘は都市がある台湾の北西部に集中するでしょう。そこ以外は富士山級の山がダーッと連なってますから。

宮嶋 新高山（ニイタカヤマ、現・玉山《ユイシャン》、標高三九五二メートル）ですね。

伊藤 ええ。北西部に入った中国軍が奇襲に成功して上陸すれば、台湾の総統と握手をした写真を撮って終わりです。その後、「われわれは仲良くなりました」という中国側の発表が大々的に報じられるでしょうね。

宮嶋 現在の民進党総裁との握手ですね。

伊藤 そのシーンさえ押さえれば、米国は軍事的な支援がしにくくなります。

宮嶋 中国は「075型」強襲揚陸艦を新しく建造しましたが、上陸作戦はどうなるんでしょう。

伊藤 実質はできないと思います。そんな簡単じゃないですから、上陸作戦って。

宮嶋 『プライベート・ライアン』の世界ですよね。

伊藤 だから海兵隊があるんです。消耗戦を覚悟して行く、ならず者の部隊が。

宮嶋 中国軍には、将棋の駒みたいに兵隊を使い捨てにするような雰囲気があるので、上陸作戦に躊躇がない気もしますが。

伊藤 その中に逃げたり裏切ったりする者が出れば、統率は難しいでしょう。日本人は行けって言ったらダーッて行きますし、アメリカ人も頑張るんですけど、中国の兵隊はどうなのか。

宮嶋 当然、台湾は北西部の守りを固くするでしょうね。

伊藤 他国の干渉を避けたい中国は、一日で勝負でしょう。もし私が中国だったら、侵攻前に台湾の要人を多数取り込んでおいて、最後に拳銃を突き付けて握手ですよ。その上で「今後は仲良くやっていきましょう。経済的にも文化的にも一緒にやりましょう」という動画を全世界に発信します。

宮嶋 われわれは台湾に頼まれたから来たんだという印象操作ですね。ソ連のアフガン侵攻みたいに、プーチンが当初、ゼレンスキーにやろうとした作戦と同じ、「ロシア系住民を解放するために来た」という。

伊藤 ドンパチにならなくとも国交があれば人がいっぱい動いていますから、ビジネスに見せかけて、どんどんスリーパー（潜伏工作員）を送り込む。そしてある日突然、迷彩服に着替えてホテルから出てこさせる、というようなこともあり得ます。

宮嶋　それは怖いですね。でも案外台湾は、なかなか中国の思うようにはいかないのでは。

伊藤　ええ。ポイントは、米軍の介入がどこまでになるかです。米軍は介入すると決めたら、そこら辺の国の空軍ぐらいのものを持ってきますから。

宮嶋　空母ですね。

伊藤　ええ。すみませんが、ここまでにしてください。いろいろと事情があるので（笑）。

宮嶋　お立場的にそうですよね。わかりました。２０２１年の香港を見ていますんでね、私。台湾にも「中国嫌い」の世論は相当ありますから、中国が侵攻した場合、台湾でも相当手こずると思っています。

伊藤　私の台湾の知人は、「日本もいろいろ複雑だろうけど、うちはもっと複雑なんだ。だって自衛隊は日本人で作ったでしょ」と言うんです。台湾の軍隊は、台湾人で作っていない。台湾の軍隊は、日本で言えば進駐軍で作った組織だということなんですね。中国大陸からやってきた国民党だから、そうですよね。

宮嶋　ああ、そうだ。そういうことか。よそから来た軍隊という認識なんですね。

伊藤　日本人は自衛隊を一〇〇パーセント信用しています。まさか自衛隊が自国民に銃を向けるとは誰も思ってはいません。ところが台湾の人は、台湾に侵略してきた人たちが作った軍隊ですから、自国の軍隊に複雑な感情を持っている。

宮嶋　「本省人」とか「外省人」とかいう言い方もありますよね。

伊藤　はい。蔣介石一派が乗り込んできたときの人たちが、全部軍隊になり、もともと台湾に住んでいた人は軍隊に入れなかったそうです。日本とはずいぶん違いますよね。

宮古島が重要ポイントに

宮嶋　台湾有事になれば、与那国島あたりには難民が押し寄せるでしょう。日本の政治家に、それを救助する根性があるかどうか。幸か不幸か、与那国島には陸上自衛隊の対艦ミサイル部隊がいます。陸上自衛隊が駐屯しているところは、容易には攻撃されないでしょうね。兵力がいるという事実は、抑止力になっていると思います。でも、尖閣やあの辺の無人島は中国にやられるかもしれない。安全な中間地点が欲しい中国は、あそこを取っとかないと不安でしょうから。

尖閣は、いま住民がゼロですよね。中国の逆鱗《げきりん》に触れるのが怖いからあそこに人を置かないんでしょうけど、もし日本人が住んでいる与那国島がやられたら、尖閣どころの騒ぎではなくなります。米中の戦いにでも発展したら、自衛隊も戦うでしょうがアメリカのバックアップも必要になるでしょう。

伊藤　そうでしょうね。台湾有事で中国が欲しいのは、飛行場だと思うんですよ。宮古島は伊良部島と下地島と橋でつながっています。下地島には三〇〇〇メートルの滑走路（下地島空港）がある。ここは欲しいでしょうね。大きな航空機を飛ばすには、長い滑走路が必要なんです。

宮嶋　あのあたりはちょうどいい位置ですよね。

伊藤　海峡があるので陸地が遠いですが、宮古島を押さえてしまえば、この辺の要になるわけです。私は与那国島より、宮古島にいきなりドカーンと来ると思います。

宮嶋　そうすると守るべきは下地島、宮古島あたりになるわけですね。与那国島の滑走路に航空自衛隊はC２輸送機を着陸させて16式機動戦闘車を降ろしました。中国はうちの飛行機も降りられるだろうかと検証しているでしょうね。コロナ前、宮古島の不動産を中国人が爆買いしていましたが、台湾有事を見越してのことだったのかな。あのときは不動産価格が上がって島民が驚いたそうです。

伊藤　そうなんですか。私も価格が上がる前に下地島にアジトを作っておけばよかった（笑）。

各国の軍隊と協働しながら抑止力を模索する自衛隊

宮嶋 抑止力のひとつは、海外の国々とうまく付き合っていくことだと思うんです。最近話題になった新しい枠組みに、クアッド(Quad、日米豪印戦略対話)があります。これも対中国で各国が協力しようという動きです。

伊藤 いろいろ動き出している感はありますよね。

宮嶋 そうなんですよ。海上自衛隊はフランスの原子力空母「シャルル・ド・ゴール」と訓練をしています。最近はイタリア海軍とも。インド軍とは陸上自衛隊が毎年実施していますよね(日印実動訓練「ダルマ・ガーディアン」)。インド海軍の戦闘機「Su-30MKI(ロシアのライセンスでヒンドスタン航空機が生産)」が、茨城の百里基地に来たのはびっくりしました。インドはこれまでロシアなどから空母を買っていましたが、最近国産の空母「ヴィクラント」を建造しました。さらには原潜「アリハント」まで。いまやインドは海洋国家です。ロシアのお古で練習したから、国産で造ったんでしょう。たいしたもんです。人口も中国を超えましたし。さすがに飛行機は、なかなか自国オリジナルでできないですけど。

伊藤　飛行機の生産は難しいんですね。
宮嶋　自衛隊も米軍だけではなく、各国と関係を深めている。主要なのは、イギリス、インド、イタリア、あとはオーストラリアかな。陸上自衛隊も、ほぼ毎年モンゴルで地上戦の訓練をしています。建前上はＰＫＯ絡みで、暴徒鎮圧や車両輸送の範囲内になっています。２０２２年はヨルダンにも行っていました。
伊藤　ああ、行ってますね。
宮嶋　ヨルダンの国王は親日で特殊部隊出身かつ戦車好きだそうですよ。
伊藤　ずいぶんマニアらしいですね。
宮嶋　国王が日本に来たときに「61式戦車」を両国友好の証しで贈ったんです。もう退役した車両だからいいやということで。でも動くんですけど。陸上自衛隊は、国王が持っている特殊部隊用の施設で訓練したそうです。自分もヨルダンに行きたかったんですけれど、ウクライナの取材で行けなかったんですよ。次回はぜひ行きたいものです。
伊藤　私も行きたいなあ。宮嶋さんのカバン持ちで。
宮嶋　いえいえ（笑）。伊藤さんは本職だとバレます、絶対。
伊藤　宮嶋さんのボディガードを兼ねて行きますよ。
宮嶋　だからバレますって（笑）。

伊藤 絶対おもしろいですよね、一緒に行ったら。

宮嶋 邦人保護の訓練をやってるんですよ。向こうの特殊部隊と一緒に。

伊藤 ますます行きたい。「ＰＲＥＳＳ」って腕章つけてね（笑）。

国民はどのような国防意識を持つべきか

宮嶋 スイスは災害や戦争から国を守る『民間防衛』というマニュアルを作り、無料で国民に配っています。これからは日本人も、こういうことを考えていくべきですよ。

伊藤 そのマニュアルにはどういうことが書いてあるんですか。

宮嶋 有事になったらどうするか、最後はもう国民が銃を持って戦え、みたいなことが書いてあります。２００３年に翻訳版（原書房）が出てから、ずっと売れている由緒正しきハウツー本ですね。そこに書かれているノウハウは、日本でも今後現実味を帯びてくるかもしれません。日本の場合、これまで有事と言うとほとんどが災害でしたが。

伊藤 災害にも役立つノウハウが書いてあるんでしょうね。

宮嶋 ええ。孤立したときいかに我が身を守るかとか、敵の弾だけじゃなく、寒さや飢えの凌ぎ方などが総合的に書かれている本です。一般の人が興味を持っているのは、悪いことではありませんよね。

伊藤　たしかにそうですね。しかし国は国家として、もっと有事のことを真剣に考えないといけませんよ。

宮嶋　とりあえず防衛費は増やそうとしてますけど。

伊藤　できればそこに、何か一本筋を通してほしいんです。なぜ防衛費を上げるのか、その理由がはっきり説明されていませんし、岸田さんや自民党が何を大事にしてるのかわかりません。つまり防衛費を上げて、日本がどこへ向かうのかということです。私は昭和39年に生まれたんですが、物心ついてから五十八歳になるまで、日本が国家として目ざしているものを示したことはほとんどありません。

宮嶋　自衛官からも同じようなことを聞きました。自分が納得できれば国を守るためにどんな訓練でもできるが納得できないならヤバい訓練はできないと。それと同じでしょうね。

伊藤　ええ。アメリカは少なくとも「フリーダム」や「アメリカンドリーム」といった価値を掲げている。それはアメリカの理想のひとつでしょう。イギリスにもフランスにも、そういったものがありますよね。日本もそういうものを宣言して、そこへ向かって進んでいけばいいんです。何かあったときに、立ち返るところはどこなのか。日本も自衛隊も、そして国民も、何のためにどこに重点を置くのか。

宮嶋　それは必要ですね。アメリカは政権が変わっても一本筋が通ってますけど、日本は政権が変わったら一八〇度考えが変わりますからね。防衛大臣が代わっただけで、自衛隊の現場は振り回される。

伊藤　時代によって変わるとはいえ、根本だけはしっかりしないと。有事のとき立ち返るところがなければ動けない、決められない、決断できないことになります。

宮嶋　そうでしょうね。

伊藤　防衛費を増やすにしても、これが必要だから増やしたいと言っているだけで、何のためにそれが必要なのかは曖昧になっています。

宮嶋　特に今回はそうでしたね。いままで減らせ減らせだったのに、いきなりドーンと増やせと。時間がないから、とりあえず買いましたという感じですね。

伊藤　あれはアメリカの意向ですよ。

宮嶋　イージス・アショア（陸上配備型ミサイル迎撃システム）を洋上に持っていったのだって、河野さん（河野太郎、元防衛大臣）の案となっていますが、アメリカ主導ですよね。

伊藤　アメリカに「ごちゃごちゃ言わないで買え」って言われたんでしょう。

宮嶋　国と国民の関係は、ケネディ（ジョン・F・ケネディ、第35代アメリカ大統領）の

退役軍人による民間人への実践的訓練が行われていたウクライナ

大統領就任演説の通りだと思うんです。「国が何をしてくれるか問うなかれ。自分が国に何ができるかを問え」と。でもいまの日本は、それに値する国家なのかといえば、甚だ疑問です。とはいえ、私は日本以外に愛する国はないわけです。大切なのは、国防意識を高める教育なのかな。日米同盟があるから日本は安泰とか、いざというときは米軍がなんとかしてくれると思っていたら、煮え湯を飲まされるでしょう。自分で自分の国を守ることをなおざりにし、外国人の手に委ねたら危ういということを国民は理解すべきです。ローマ帝国も、最後は傭兵に頼って滅びましたし。

伊藤　そうですよね。

宮嶋　いまはウクライナ侵攻の情報が、ネットを通じて若い人に伝わっています。中にはフェイクニュースもあるでしょうが、大手マスコミが取り上げない現地の映像に触れて、その怖さを知った大学生などは、「テレビニュースの報道はきれいごとだけ」と言うらしいです。

伊藤 現地の情報がすぐ拡散されますからね。

宮嶋 ネットによって真実が伝わるスピードと範囲が大きく進化したいま、政府はきれいごとではなく、国民に本当のことを伝えていくことが求められていると思います。各政党は選挙のたびに「防衛費よりまず生活だ」と言いますが、外国に占領されたら生活なんてなくなるんですから。どの候補者もそういう大切なことは言いません。

真実を語ろうとしない政府のもとで、有事になったらどうなるか。戦前の関東軍のように、軍が国の政策の前にいろいろやるような事はないと思いますが、日本の行く末が気になります。

平和ボケの間に「ゆでガエル」に

宮嶋 国民の間には、現在の平和は偶然の産物という認識もあまりないですよね。一歩間違えれば日本が戦火にさらされるきっかけは、過去にいくつもありました。ベレンコ中尉の亡命事件（1976年、ソ連の現役中尉が当時の最新鋭戦闘機「ミグ25」で函館空港に強行着陸し、亡命を要求）もそうです。日本国憲法があったから、九条があったから、ずっと平和だったのか。憲法九条のおかげで平和が保たれているというのは、武器を持っていなかったら相手も喧嘩を売ってこないと思うのと同じです。そんなの「バカか」と言われるだけです。それならウクライナに憲法九条があったら、ロシアから攻められなかったと思うんですかと問いたい。

伊藤　私も同感です。

宮嶋　オウム事件のときも、一歩間違えれば外国の介入を招く恐れがあったかもしれません。平和ボケしてる間に、日本人はいつの間にか「ゆでガエル」になってしまいますよ。

伊藤　日本人は不真面目ではないんですよね。みんなそれなりに一生懸命やってるし、やさしさも持っている。それぞれが自分を律して生きていますが、「本気」が少し足りないと感じます。本気で仕事をする、本気で生きるのは、非常に難しい。たとえば自衛隊で師団長を乗せたヘリが落ちたら、何時間指揮が執れなくなるのか。副師団長に任せるのではなく、新しい師団長を任命する必要の有無を検討する。そういう大切なことに気づくか気づかないか。気づいてないっていうことは、本気じゃないんですよ。これは自戒を含めてですが。

宮嶋 何か起こったときに「本気」が出る。

伊藤 そうです。そういうことをお互いにチェックしていかないと、仕事でもなんでもちょっとずつ緩んでいくんです。

日本において守るべきものは何か

宮嶋 日本は古女房と同じで、嫌いになってもやっぱり添いとげるしかないみたいなところがあります。去年はウクライナ取材が多かったこともあり、帰国するたびに食べ物から文化から、日本の良さを実感しました。私の口から言うのもおこがましいですけど、何はさておき日本の自由が大好きなんです。伊藤さんとこんなことを話していたら、それだけで捕まる国が、少なくとも二つか三つは日本の周りにある。

伊藤 わかります。あそこの国ですね。

宮嶋 敢えて名前は挙げませんけど、殺される国もあるじゃないですか。それを考えたら、どれだけ日本が恵まれてるかわかります。でも、日本人は自覚していないですよね。「安倍やめろ」デモなんて、中国ではできないですよ。「原発やめろ」行進をロシアや中国でやったら逮捕です。日本にいる自分たちが、いかに言論の自由に恵まれてるか、よくわかっていない。下手すりゃアメリカより自由かもしれませんよ。だってコロナのときに「マスクをやめろ」という運動ができたくらいですから。

日本人は自分たちが恵まれていることを、もっと理解すべきだと思います。「私は君の意見に反対だが、君がそれを言う権利は命をかけてでも守る」という、ヴォルテール（フランスの哲学者）の有名な言葉があります。反対意見を堂々と言えることがどれだけ自由なのか。

伊藤　私が他の国で嫌いなのは、自分の仲間や自分の国が豊かなら、国境の外がどれだけひどくても知ったことじゃないという冷淡さです。いまどれだけ残っているかわかりませんが、日本には〝分かち合う〟文化がある。私が言うのもなんですけど、世界中が分かち合うことができれば、戦はなくなるのではと思うんです。

宮嶋　大切な考え方ですね。

伊藤　日本は分かち合うことの大切さを公然と示しています。それはあの東日本大震災のときに、より明らかになりました。天皇陛下は「一番大切なことは、被災者の苦しみを全国民で分かち合うことだと思います」と仰った。日本人の心に強く染みこむ言葉だと思いました。

宮嶋　覚えています。私も同じように感じました。

伊藤 分かち合うことに対して、違和感を持たないのがわれわれ日本人です。他の国だったら、暴動が起きるかもしれない状況でも、なんで俺が苦しみを分かち合うんだ、冗談じゃないよと反論する人はほとんどいませんでした。みんな「たしかにそうだな」と思ったのではないでしょうか。

分かち合うことをしない限り、戦は止まらない。私は日本に分かち合う価値観が広く浸透していることを守りたいし、この国の精神をもっと広めていきたい。まあ不満も歯がゆさも、いっぱいあるんですけどね（笑）。

第五章

「生命と財産」より大切なもの

——私が一番失いたくないものは「自由」です（宮嶋）

——抑圧されて生きるくらいなら、戦って死んだほうがまだいい（伊藤）

二人が自ら危険に近づく理由とは

伊藤　特殊部隊の仕事を振り返ると、一般の人が信じられないほどの危険をくぐってきたと思います。危険が好きなわけではなく、私が行きたいところに危険があるだけなんですけどね。私がいた特別警備隊は、二度と拉致被害者を出さないために創設された部隊です。北朝鮮に日本人が拉致されていることは、日本国政府が世界に発信していますし、日本人全員が同胞を取り戻したいと思っている。政府は外交を含めた様々な手段で取り戻そうとしますが、いよいよダメなら、武力をもって取り戻すしかなくなる。そのときに使うのが、特別警備隊です。

もちろん武力を使わずに、外交で取り戻すのが一番いい。しかし最後の手段で政府に「行け」と命じられたら、スッと行ってスッと帰ってこられるように、特別警備隊は準備をしています。私たち隊員が五体満足で戻らなくとも、拉致被害者は必ず取り戻すんです。

宮嶋　特別警備隊創設のきっかけとなったのは、1999年の能登半島沖不審船事件ですよね。不審船の追跡にあたったイージス艦「みょうこう」の航海長だった伊藤さんにとっては、衝撃的な出来事だったと思います。そのときのお気持ちはどうだったんですか。

伊藤　あのときは北朝鮮の工作船に拉致被害者がいるかもしれないとなって、「奪還して来い」という命令が下されました。撃つ（威嚇射撃）までは割とのんきで、「行け！　行け！」と盛り上がっていました。これはおもしろくなってきたと思っていたら、急に工作船が止まったんです。いよいよ船に乗り移って邦人を取り返しに行くとき、これが国家の意志なのか……と厳粛な気持ちになりました。

宮嶋　事件当時、日本の首相は誰でした？

伊藤　小渕（恵三）さんです。首相は何人犠牲が出てもいい、全滅してもいいから、拉致被害者を見捨てないという歴史を作ろうとしていたと思います。それまで日本は国家意志を明確に示すことがほとんどなかったのですが、このときは違いました。それなら自衛官としてやらないわけにはいかない。でも結局、不審船は逃走してしまった。あのとき海上保安庁の巡視船は、帰ってしまいましたし。

宮嶋　そもそも海保が担当するべき仕事ですよね。

伊藤　海保は「燃料がないから帰る」ということでした。あとから聞くと、長官から直接、「いいから帰って来い。もう何もできない」と言われたそうです。

宮嶋　ええっ？

伊藤　なぜ長官の命令に素直に応じるのか。現場は「いえ、行くべきです」と言うべきだろうと感じました。

宮嶋　不審船に乗り込むことになった臨検要員は、胸に『少年マガジン』を入れていたそうですね。

伊藤　あのときは、拉致が推定される日本人二名を奪還するために、一度も訓練したことがない二四名が、丸腰で工作船に乗り込むようなものでした。北朝鮮の工作員と銃に精通していない船乗りでは、結果は目に見えています。しかも工作船には大抵自爆装置があります。もし幸運が重なって邦人を解放しても、船の自爆で立入検査隊員もろとも全滅することは確実でした。ところがこのとき、その二四名は命令を受け入れて、工作船に乗り込む準備をしていたんです。

彼らに任せても任務を達成できず、確実に死ぬことがわかっていたのに、私は上の命令だからと行かせようとしました。私はそれを一生恥じて生きていきます。こんな自分に部下を持つ資格はないと思いました。それではただの伝令ですから。

宮嶋　いろいろ考える余裕はなかったんでしょう。

伊藤　あれから二十年以上経ちますが、いまは当時の海上保安庁の気持ちがわかりますよ。自分には、海保に文句を言う資格もなかったんですよね。

宮嶋　でも、この事件がきっかけとなって、特別警備隊が創設されるわけですから。

伊藤　ええ。このときに感じた「向いていない人間を行かせる愚かさ」は、特別警備隊の創設時に徹底的に排除しようとしました。結果として、任務を心待ちにして厳しい訓練を重ねることができ、命令が下されたら笑顔で敵地に向かうような、「向いている人間」ばかりの部隊ができたと思います。

危険とは何か

宮嶋　そういう人たちって、なぜ危険を恐れないんでしょうか。

伊藤　「恐れる」と言っても、いろいろですよね。そういえば私、水恐怖症になったことがあるんですよ。

宮嶋　海上自衛官なのに？

伊藤　隊員と潜水訓練を一緒に受けている最中、水中で三回ブラックアウトしたら、怖くて洗面器に手を入れられなくなりました。そのとき初めて、真の恐怖がわかりました。

宮嶋　そんなになっちゃうんですか。

伊藤　それまでは「怖い」という単語は普通に使ってたんですけど、本当の怖さを理解していなかった。水恐怖症になると、頭以前に肉体が動かない。手が震えて自分の意志では水に触れることができないんですから。小さな洗面器でも無理で、顔も洗えませんでした。

宮嶋　人生の中で初めての体験だったんですか。

伊藤　最初で最後の「怖い」体験でした。最後じゃなかったら困ります（笑）。

宮嶋　さすがにもう治ったんですよね。

伊藤　治すコツがあるんですよ。すみません、少し話がずれましたね。私の中で「危険」というのは、分析や警戒をする対象だととらえています。何が危険なのか分析した上で、それを潰す手段を考えていく。

宮嶋　まず危険を観察するんですね。

伊藤　そうですね。あそこの山の何が危険なのか。「マムシがいるからです」なら、その対策として血清を携行する。まあ、ちゃんとした靴を履いていれば、マムシなんてそんなに上まで飛んできませんけど。

宮嶋　なるほど。危険を対策で潰していく。

伊藤　はい。なぜ危険なのかを考えて、対策をするだけの話です。危険を恐れないことが素晴らしいのではなく、危険を防ぎ、潰す準備が大事なんです。でも、たいがい外れるんですけどね。年中「え？」ということが起こる。

宮嶋　そのときにはどうするんですか。

伊藤　その場でなんとかするしかないですよね。でもたくさんの経験と思考があれば、なんとかならないケースはありません。

宮嶋　危険を防ぐという意味では、報道カメラマンも武器の知識を持つことが重要なんです。イラク戦争直後に「クラスター爆弾」（容器である親爆弾に数個から数百個の小爆弾を詰めこんだ爆弾）の小爆弾を毎日新聞のカメラマンが持って帰ろうとして、ヨルダンの空港で爆発して空港職員が亡くなったという悲惨な事件（２００３年）がありました。これはまさに無知が起こした事件です。ミリタリーの勉強をしておけば防げたはずです。

伊藤　そんなことがあったんですね。

宮嶋　自衛隊の訓練を通じて、戦車のスピードや射撃精度を理解していると、戦場に行った際、この距離だと一〇〇発一〇〇中だから危険だな、ということもわかってきます。危険がわかるということは、避けられる可能性が上がるということです。防弾チョッキはどれぐらい有効なのかを知ってて着てるのと、知らないで着てるのでは全然違います。私たちにとっては、無知がまさに危険です。

全員で最適解を探る特別警備隊

宮嶋 特別警備隊では、訓練でできないことは実任務でも絶対にやらせないと聞きました。

伊藤 当然そうですね。

宮嶋 隊員の経験や能力は様々だと思いますが、伊藤さんが特別警備隊にいたときは、隊員に合わせた指導をしていたんですか。

伊藤 指導って言うと偉そうですけど、何が間違っていたのかという客観的事実はしっかり伝えるようにしていました。訓練の中で、何時何分の誰のどの行動がおかしかったのか、あるいはどの判断がおかしかったのか。その指摘をした上で、「さあ、みんなで考えよう」でした。

宮嶋 みんなで考えるんですか。

伊藤 ええ。私がすべての正解を知っているわけではありませんし、隊員を私のレベルに引き上げる組織ではありませんでした。失敗したときの分析は教官の私がするんですが、「じゃあどうすべきだったか」については隊員それぞれが自由に意見を述べながら、最適解を探っていました。

宮嶋　それはいつ本番があるかわからないからですか。

伊藤　そうです。特別警備隊は五分後に本番があるかもしれませんから、誰しもが持つ「自分の意見を通したい欲望」は排除し、部隊にとってより正しいと思う意見を選ぶ必要があります。本番の緊張感は、部隊を常に向上させていったと思います。逆に言うと、本番がない組織をまともに運用していくのは難しいでしょうね。

宮嶋　そうでしょうね。

伊藤　自衛隊は基本、本番がない組織です。試合が決まってないプロボクサーが減量できないのと一緒で、モチベーションを維持するのは大変です。

宮嶋　そうですねえ。いまの自衛隊の本番は、救難と災害派遣ぐらいですからね。

伊藤　常に救難にあたっている彼らは、ほかと雰囲気が違うんですよ。

宮嶋　陸海空の救難活動はすごく優秀ですよね。そのなかでもダントツですごいのが空。特に空自の救難団は陸海空全域でやるので、その訓練たるやすさまじい。時々テレビの自衛隊特番で紹介されますよね。『空飛ぶ広報室』（TBSドラマ）にも出てましたし。

伊藤　同感です。航空自衛隊の救難団を見たときは「特別警備隊の隊員を育成するより、彼らをもらってきたほうがよっぽど早いな」と思ったくらいです。彼らはフィジカルもすごいですし、パラシュートもスキューバも、レンジャー行動も全部できる。

宮嶋　救命のプロは、戦闘のほうはどうなんでしょう。

伊藤　ベースがありますから、ちょっと教えれば、あっという間に特殊部隊になるでしょうね。

写真の判断は見た人に委ねたい

宮嶋　これまで多くの戦場を取材してきましたが、私が危険な場所に行くのは、まず単純に仕事だから。それから危険で難しい仕事をやり遂げたい功名心や、金銭的な欲求。あとは好奇心です。テレビを通してではなく、自分の目で現地を見たい。そして私の手で、それを写真に記録したいというクラフトマンシップもあります。

伊藤　自分が行かなかったら誰が行くんだというような、義務感もありますか？

宮嶋　誰かのためにとか、義務に駆られてというようなきれいごとはほとんどありません。単純に自分の写真を世の中の人に見てほしい、知ってほしいという気持ちですね。私は作品にメッセージ性を持たせる写真家じゃないので、写真の判断は見た人に委ねたい。それが結果的に平和につながればと思いますが、価値観を押し付けるつもりはまったくありません。

伊藤　シャッターを押す瞬間は、あくまでもそこにある現実を切り取る感じなんでしょうか。それを見る人に、何かストーリーを与えようという操作はまったくなく。

宮嶋　ええ。ただ私も商売なんで、撮った写真の良し悪しや、売れる売れないはわかります。どれぐらいの価値で売れるのか、計算しながら撮っています。

『ウクライナ戦記　不肖・宮嶋最後の戦場』に使用された写真

伊藤　撮った瞬間にわかるものなんですか。

宮嶋　だいたいわかります。去年出た『ウクライナ戦記　不肖・宮嶋最後の戦場』（文藝春秋）のカバー写真は、戦車の砲身が帽子を被っています。これが絵になると判断したら、様々なアングルから撮ります。その写真にどういう背景があるのか想像しながら。帽子を強調すべきか、戦車を強調すべきか、両方強調したい場合はどういうテクニックを使うか、そんな計算をしながら撮りました。

伊藤　それはすごい。

宮嶋　いい写真が撮れるチャンスだと思うと、けっこう粘るほうです。何回も通ったり、何日も待ったり。

伊藤　それは「危険」と言うより「苦労」ですよね。

宮嶋　はい。でも写真家にとっては、当たり前のことですから。

伊藤　「好奇心」って大事ですよね。私も好奇心を満たすために動いています。宮嶋さんもそうなのではと思いますが、自分のやっていることを「危険だ」と言いたくない気持ちってありませんか。私は自分の美学に反する気がして。

宮嶋　ええ、わかります。〝僕はこんな危ない現場を踏んできました〟などと言うのは嫌です。ただ、そういうふうに撮るのは得意ですけど。ほんとはたいして危なくないのに、危なそうに撮ったり。

伊藤　ほう。

宮嶋　報道写真では、消したり足したりはダメですが、青い空をもっと青くするとか、赤い夕陽をもっと赤くするとかは、フィルターで調整できます。でも、私はどちらかというと望遠レンズが得意なので、こちらを駆使した撮り方を追求したりします。

伊藤　どういう撮り方ですか。被写体がベストな位置に来るまでは、肉眼で追うんでしょうか。それともずっとファインダー越しに被写体を覗いている?

宮嶋　ケースバイケースですけど、ずっと覗く場合もあります。目を離せないときがありますから。

伊藤　そのとき両目は開けています?

宮嶋　撮る瞬間は、両目を開けています。覗いてるときは片目をつぶっていることが多いですけど。カメラがデジタルになってから、撮り方がずいぶん変わりました。ノーファインダーと言いますが、モニターで即確認できるようになりました。モニターを見ながらアングルも調整できます。フィルムの時代は、自分の勘だけでやってたんですけどね。いまは撮った画像を瞬時に転送もできます。

若さと引き換えに身に付く能力と強み

伊藤　そうか。昔は勘だけでやってたんだ。宮嶋さんのお話を聞いていると、撮影と射撃には、どこか共通するものがあるような気がします。目の使い方とか。

宮嶋　ああ、なるほど。引き金を引くのとシャッターを切るのは大きく違うと思いますが、目の使い方はそうですね。

伊藤　あと持ち方も似るんじゃないかな。双方重い物を持ってるから。

宮嶋　カメラは、テレビドラマでは下から手のひらでレンズを持ちますね。でも人それぞれです。プロでも脇を締めずに肘を上げる構え方で撮る方もいますんで。

伊藤　なんかいいことがあるんですか、肘を上げると。

宮嶋　私らの業界では、隣に他社カメラマンがいる場合は肘を張ってけん制し合うんですよ（笑）。各々が少しでもいいアングルを求めて押し合いへし合いですから。

伊藤　それは楽しそうですね（笑）。

宮嶋　自分の位置がほんの数センチ違うだけで、撮れる写真がガラッと変わることがあるんです。たとえば送検される犯人が車に乗り込むときなんかは、障害物のわずかな隙間を狙う。車がどこに停まるかで、アングルもガラッと変わるんですよ。それらをみんな計算しながら、肘をぶつけながら数センチを争うわけですね。

伊藤　そこにはものすごい攻防がある。

宮嶋　よりよい写真を撮るためにいろんな技術があるんですが、私の場合は年と共に体力・知力・集中力の衰えを感じるようになったので、いまは老獪《ろうかい》なところで勝負しようと

体力・知力・集中力の衰えは老獪さでカバーしたい（宮嶋）

しています。

伊藤　年齢を重ねたからこそ、身に付いた能力や強みってたしかにありますよね。

宮嶋　年齢の分、経験が積み重なっていますからね。戦場の取材ではテッパチ（防弾ヘルメット）と防弾チョッキを着ることがありますが、伊藤さんが遭遇した能登半島沖不審船事件のように、身近にいる人間が確実に死ぬということはありません。経験の中から、少なくとも自分だけは生きて帰れるという前提で取材に行っています。

危なかったのは、現地で銃口、砲口を向けられたり、近くに着弾したりした程度ですね。でもそれを、大げさに言うのが嫌なんですよ。中には「俺は弾の下をくぐった」とか、危険をやたら冒したのを大声で強調する人がいて

（笑）。伊藤さんの世界にもいるでしょう、そんな人。

伊藤 いますね（笑）。でも私がいた特殊部隊の世界がそんなに危険なのかと聞かれると、正直よくわからないんですよね。

宮嶋 えっ、それはどういうことですか。

伊藤 たとえば銃で撃たれて弾が身体を貫通しても、場所によっては危なくない。胸だったら危ないですが、指先ならそれほど危なくないですよね。

宮嶋 え？ そういうもんなんですか？

伊藤 ほんの少しの差しかないと思うんですよね。死と危険は。

宮嶋 興味深いですね。私がいる世界は、無知で正義感にあふれているジャーナリストよりも、自分みたいに「金、名誉のため」と開き直っているほうが、長続きするんじゃないかと思ってます。でもこの業界にも、ごくまれに本当に純粋な博愛主義者がいる。そういう人はほんとに尊敬しますが、それ以外は私と似通ってるか、私以下ですよ。

伊藤 純粋なカメラマンのほうが、早く辞めると聞いたことがあります。それは私たちの世界と似ているかもしれません。特別警備隊にも純粋さを感じることがありました。

宮嶋 伊藤さんみたいに辞めた方もいるんですか。

伊藤 ええ。純粋だと、飴も鞭も効かない。使うほうから見ると、そういう人間は組織にとって面倒くさいんですよ。

宮嶋 ああ、わかります。

伊藤 階級下げるぞ、懲戒処分かけるぞ、と言われても「どうぞ」と動じない。じゃあボーナスやるぞと言われても、「いらねえ」と言いますからね。でも彼らが組織にとってアンコントローラブルなのかというと、そうではない。彼らにも効く飴や鞭がある。それがモノじゃないだけで。

宮嶋 モノでは動かないというと？

伊藤 おまえらがやりたいことを取り上げるぞと言うと、「それは勘弁してくれ」と言うんです。彼らが欲しいのは、目に見えるモノじゃないんですよね。マスコミはいまのウクライナ国民を「全てを失った」と称しますが、本当にすべて失ったのかとなると疑問です。彼らは目に見えるモノは失っても、目に見えないモノは失ってないんじゃないか。たしかに家や財産は失ったでしょうが、国家の誇りはそこにしっかりとある。特別警備隊の場合、とどのつまりは達成感とか満足感とかでしょうけど。そこにはやっぱり、自分のためではない「公の意識」があって、それを失いたくないんでしょう。

宮嶋 なるほど。たしかにそうでしょうね。

伊藤 だから面倒くさい。ピュアと言えばピュアなんですけどね。

恐怖における「迷い」と「悩み」の違い

伊藤　怖さというのは、危機に直面したときの「迷う」と「悩む」の混同から生じることがあると思うんです。さいころ博打と麻雀の違いみたいなものですね。さいころ博打は出る目が決まっていますから、次はなんだろうと考えるのは時間の無駄です。ところが麻雀は捨て牌から相手の役を探りますから、考えることに意味があります。

さいころ博打で考え込むのは悩む、麻雀は迷うです。真剣に悩んでいるつもりが、実は迷っているだけということがあります。目の前にあるものがさいころ博打なら、考えても仕方がないんですから、決断するしかありません。外れたら首が飛ぶだけと思えば、気持ちがさっぱりしますよ。

宮嶋　なるほど。興味深い考え方ですね。

伊藤　もうひとつあります。たとえば通り魔が来て、子供二人抱えたお母さんが我が子を守れるかといえば、みなさんは守れないと思うでしょう。でも絶対守れるんです。

宮嶋　どういうことですか。

伊藤　子供を守り、かつ自分もかすり傷ひとつ負わないのは無理です。でも子供を守るだ

「己の欲望、己の身をいかに捨てられるか」が重要（伊藤）

けなら、子供を後ろに行かせて自分が刺されればいいわけです。刺さった刃物を自分に押し付ければ、犯人は手を離せません。そうすれば子供は守れる。自分は死ぬかもしれませんが。

宮嶋　たしかにそうですが。

伊藤　人は知らず知らずのうちに、いろんなことを並列に置いていると思うんです。「かすり傷ひとつ負わないこと」と「子供を守る」を同等に並べるから難しい。どれも失いたくないという気持ちは、漠然とした恐怖につながります。子供のためなら自分が死んでもいいと決断すれば、恐怖は消えていきます。特別警備隊には、絶対にものごとを並列にしない習慣がありました。

宮嶋　おもしろいです。物事を並列にするのではなく、優先順位をつけるということですね。そのとき判断を間違えないコツってあるんですか。

伊藤　その究極は「己の欲望、己の身をいかに捨てられるか」だと思います。

宮嶋　うーん、一般の人にはなかなか難しいことかもしれませんね。

伊藤　昔、オウム真理教事件の最中に警察庁長官が狙撃されましたよね（1995年、警察庁國松長官狙撃事件）。あのときは二五メートルの距離から五発の銃弾が発射され、一発は外れ長官は重体でした。防犬の教官だった私が正門から出たら、ライトが向けられてテレビの取材を受けたんですよ。「プロの犯行ですか。どう思いますか」と聞かれて「ああ、あんなの素人に決まってます」と言いました。理由を聞かれたので「五発中一発外す腕しかないのに、二五メートルという離れた距離から撃って逃げた。しかも警察庁長官は生きてるんでしょう」と答えました。あれはどう見ても失敗じゃないですか。とどめを刺さずに逃げたのは、我が身可愛さに任務を放棄したということですから、プロじゃない。プロであっても、これでは二度と仕事は来ません。

宮嶋　テレビで伊藤さんのコメントは流れましたか？

伊藤　それがですね、使われませんでした。急にパチッとライトを消されて、「お疲れさまでした」と去って行ったんです。私はそのとき、「ああ、父の言葉が出たんだな」と思いました。それは何かというと、私が十八歳のときのことです。フィリピンにベニグノ・アキノ上院議員っていたでしょう。

宮嶋　後に妻や息子が大統領になった、当時上院議員でマルコス政権の独裁政治に反対していた、ベニグノ・アキノですね。

伊藤　そうです。その方がマニラ空港で殺されましたよね（１９８３年）。

宮嶋　ええ。たしか３５７マグナム弾を使用した拳銃で。

伊藤　父とテレビでそのニュースを観ていたんです。私が「フィリピンで暗殺だって」と言うと、「ふーん」と父が言って。まあ父は元軍人で、暗殺が商売でしたから。

宮嶋　お父さまは、陸軍中野学校出身でしたよね。

伊藤　はい。そこで父を持ち上げる気持ちで「暗殺って難しいんだろうね」と話を振ったら、「ああ？　暗殺？　簡単だよ」と言い切るんですよ。理由を聞くと、「殺すって決めたら、殺しゃあいいんだよ」と。相変わらずわけがわからないことを言う人だと思いました。「相手を殺したい、自分は生きたい、ひでえのになると捕まりたくないとか言うんだろ。それは難しいよ、おまえ。三つも同時にやるのは」

宮嶋　ああ、ただ殺すだけだったら簡単ということですか。

伊藤　はい。それが暗殺のコツらしいです。そのとき、私は日体大で陸上に打ち込んでいましたから、暗殺のコツに興味はないわけです。俺の人生には関係ないと思って聞き流してたんですが、その十年以上後になってマイクを向けられたとき、父の言っていたことが自然に出てきたんですよ。自分でもびっくりしました。

宮嶋　お父さまの考えだったんですね。

伊藤　ええ。横須賀から実家に戻ったとき、父に國松長官狙撃の話をしたんですよね。そしたら、「ああ、その通り。あれはプロじゃねえな」と。「じゃあ親父だったらどうすんの？」と聞いたら「うーん、手榴弾三発だな」。

宮嶋　たしかに銃よりは確実ですね。その手榴弾をどこから手に入れるかは別として(笑)。

伊藤　任務を確実に遂行するには、物事の優先順位を決め、それを縦に並べて、上から順番に片付けていけばいいんです。ここで己の欲望、己の身を捨てることができれば、任務達成の確率は上がります。

日常の生活で、物事に優先順位をつけないばかりに、悩んでいる人がたくさんいるように感じます。物事を横に並べるのではなく、一番大切なことから縦に並べる思考をしてみると、不安や恐怖がなくなるかもしれません。

失うことを恐れる現代人

宮嶋　いまの日本、モノは多いと思うんですけど、本当に豊かかと問われれば、ちょっと違うと思うんです。

伊藤　私は見えるモノを失うことを、恐れすぎていると思います。お金を失うとか、車を失うとか。

宮嶋　もっと大切なものがあるということですね。

伊藤　ええ。一回コンビニがない生活をやってみればいいんですよ。「スマホがないなんて、考えられない」という人がいますが、そんなことはない。

宮嶋　ええ、まあなんとかなりますよね。

伊藤　一度体験すれば、「ああ、たいしたことないな」ということが、世の中にはいっぱいある。たとえばサーカス。ステージでは、鞭で猛獣を自在に動かしていますよね。でも私は、調教の際は、鞭ではない何かを使っていると思っていました。鞭なんかであの大きな猛獣が言うことを聞くとは、とても思えなくて。

宮嶋　裏では銃か何かを使うんですか？

伊藤　調教師に聞いたら「いや、鞭だけだ」と。信じられない顔をしていたら、「違うんだよ、音なんだよ」って。調教師は鞭を絶対に猛獣に当てません。もし当たると、痛くないのがわかるからです。当たると痛いと思い込ませるために、鞭を床に叩きつける音は大きく出すんだと。

宮嶋　なるほど、音で恐怖を想像させて調教しているんですか。

伊藤　そうなんです。だからスマホのない恐怖は、スマホのない生活を体験すれば、たいしたことないとわかる。コンビニもそうです。むしろ当たり前だった何かがないことで、自由度が広がる気がします。

宮嶋　不自由の中から自由を得るみたいなことですね。昔、小野田さん（小野田寛郎《ひろお》、元陸軍少尉）がそういうのをジャングルでやってましたね。

伊藤　ああ、やってました。小野田さんは移住先のブラジルから帰国してからは、「自然塾」で子供たちに生き方を教えておられましたね。小野田さんも多分、こういうことを仰りたかったんだと思うんですよね。

宮嶋　世界の特殊部隊は、小野田さんからサバイバルのノウハウを聞きたかったでしょうね。この草から水が出るとか、ヤシの実から糸を作って裁縫をするとか。どうやったらジャングルで二十九年間も生き延びられるのか。でも、それってほとんど精神的なことなんでしょうか。

伊藤 私、小野田さんに何度かお会いしたことがありますが、ブラジル陸軍には教えていると仰っていました。

宮嶋 そうですか。たしか小野田さんも中野学校出身ですよね。そりゃあ、あちこちからいろいろ教えてほしいと言われるでしょう。

伊藤 小野田さん、牛を殺してステーキにして食べてたと言っていました。最初はステーキ、そのあとは干し肉にするそうです。なくなったらまた獲りに行く。年中ステーキを食べていたそうです。

一番怖いのは「喉の渇き」

宮嶋 ウクライナの取材では、四十八時間電気のない生活をしました。インターネットは電気が来てる店に入り浸って。不便でしたが、意外となんとかなりました。それこそ東日本大震災の後だって、都内もけっこう部分的に停電していましたよね。

伊藤 電気よりさらに堪えるのは寒さ、あとはなんと言っても水なんですよね。

宮嶋 ああ、喉の渇き。それが一番きついかもしれないですね。

伊藤　堪えますよ、あれだけは。

宮嶋　陸上自衛隊のレンジャーも、喉の渇きが一番怖いと言います。これまでに何度かレンジャー訓練に同行しました。最初は冬だったんですが、次に夏です。冬は少し間違えれば死にますから、隊員の身体状態のチェックがすごかった。当時は強いアルコールさえ持たせていました。

伊藤　本当はダメなんですけどね（笑）。

宮嶋　まあ、あくまでも気付け薬として。山地で雪洞を掘ってサバイバルしたんですが、医療班がしょっちゅうチェックに来て、隊員に少しでも凍傷の兆候があれば、山から降ろして中止にしていました。

　冬山はそれだけ怖いということですよね。八甲田山（１９０２年、八甲田山雪中行軍遭難事件）みたいに死んじゃいますから。

伊藤　実はそこが勝負のしどころなんですけどね。

宮嶋　たしかにそうなんでしょうけど、私はかなりきつかったです。

伊藤　私のところの訓練には、ドクターが同行しますので、仮病は通用しません。

宮嶋　ええっ。

伊藤　ドクターは容赦ないですから「仮病とは言いませんけど、訓練続行可能です」とやさしく一刀両断（笑）。

宮嶋 残念（笑）。

伊藤 厳しい訓練をするのは、少しずつ限界を探っていかないと、進歩がないからです。隊員の安全は絶対に守った上で、どこまでやると凍傷になるのかもチェックしていく必要があります。そこは冷静にデータを取っていかなければなりません。

宮嶋 厳しい訓練も、気合いと根性を示すだけではないっていうことですね。

国が失くしてはいけないもの

宮嶋 ウクライナ侵攻もそうですが、いま世界は大きく変わりつつあると思います。もちろん日本も国際社会の一員として、その渦の中に飲み込まれています。日本も私たち国民も、これからどうしていくのか、しっかり考えなければいけませんね。

伊藤 国には失ってはいけないものがあると思うんです。うまく言えませんが、もし何を失っても平気になったら、生きてるのがつまらなくなるでしょう。

宮嶋 悟りを開いたお坊さんみたいですね。

伊藤 ええ。失いたくないものが物質だったら、寂しい人生になってしまう。失いたくないものが目に見えないもので、それが自分のエゴでなく「公のため」であればあるほど、それを追求することで満足感が得られる。一人ひとりに違った「失いたくないもの」があると思いますが、もし自分の「失いたくないもの」を見つけることができれば、困難な世界でもきっと強く生きていけますよ。

伊藤 それは精神的なものですか。

宮嶋 はい。目に見えるものと違って、壊れることがない何かです。そのためならコンビニもいらないし、お金も車も、電気もいらないと思えるものですね。

伊藤 なんというか、それは解き放たれる心境ですね。

宮嶋 ええ。大切なものと失ってもいいもの、守るものと捨てるもの。その優先順位がはっきりしていれば、悩むことから解放されると言ってもいいでしょうね。

選択肢の多さが生み出す不自由

宮嶋 私が一番失いたくないものは「自由」です。その象徴は、「私は君の意見に反対だが、君がそれを言う権利は命をかけてでも守る」という考え方です。映画『靖国 YASUKUNI』（2008年公開、監督：李纓《リイン》）の上映に反対した団体がありましたけど、私はああいうのが大嫌いです。右とか左とか関係なく、「表現の自由」は守るべきだというのは、カメラマンとして譲れないところです。ただあの映画を国から助成金を受けて製作したことは納得できませんが。

伊藤 自由という言葉にも、いろいろな側面がありますよね。私が求める自由は、自分の決断で手に入れる「広がり」なのかもしれません。自分にとって大切なことをひとつ選び、それ以外は失ってもいい、あるいは捨てると決めれば、もう振り回されることはない。私はそこに自由を見るんです。

宮嶋 うーん、奥が深いですね。

伊藤 選択肢の多さは、自由なようで不自由です。これもあれも欲しい、一個も失いたくないと思っていたら、恐怖しかないですからね。

宮嶋 自由を示す言葉でも「フリーダム」と「リバティ」は違いますよね。単純に表現すれば、「フリーダム」は何をやってもいい、「リバティ」は自分で勝ち取ったものと言えますね。自由の女神も「リバティ」のほうですし。

伊藤 「フリーダム」と「リバティ」はよくわかります。でも私の言う自由は、その二つでもない気がするんですよ。多分、英語の自由と日本語の自由では、意味合いが完璧には一致しないのかもしれませんね。

私のイメージする自由は、極端なことを言えば罰則を恐れない、死刑になることを恐れない自由でもあるんです。逮捕されても死刑になってもいいなら、なんでもできるじゃないですか。もちろんこの場合の自由は、あくまでも「公のため」でなくてはなりません。

宮嶋　今回ウクライナで感じたことがありました。あちらは日本よりも独立と自由を大切に考えています。いまは持ち直していますが、ロシアに再び占領されたら言論の自由がなくなって弾圧されるという切実な思いがあり、自由を奪われようとしている緊張感に満ちていました。彼らにとって自由は絶対に譲れなくて、選択肢に降参はない。絶対に自由を失いたくないから戦うという強い意志がありました。

伊藤　同じヨーロッパだと、多分フランス革命のときもそうですね。

宮嶋　そうでしょうね。自由への戦い。

伊藤　昔から自由のために死ぬなら本望だという価値観は、世界中に存在していますね。

宮嶋　ええ。ホー・チ・ミン（胡志明、ベトナムの革命家）も「自由と独立ほど尊いものはない」と言っています。まあホー・チ・ミンは共産主義者ですけどね（笑）。香港でもデモの際、大学に立てこもった学生らが次々と逮捕されたんです。あのとき、最後まで残った自治会長は「香港の自由のために捧げる十五年の服役なんて軽いもんだ」と言い放ちました。彼にも自由のために戦う気持ちがあったんでしょうね。

伊藤　抑圧されて生きるくらいなら、戦って死んだほうがまだいいという。

宮嶋　偶然の産物とはいえ、いまこうやって平和な日本がある。前の大戦中は、みんな口では「天皇陛下万歳」と言っていましたが、守りたいのは故郷や家族でしょう。それに気づけば、日本人が自分にとって大切なものを見つけるのは、そんなに難しいことではないのかもしれません。モノがなくたっていい、家族の笑顔があればみたいな、そんな単純なものでもいいのかなという気がします。

自分の命より大事なもの

伊藤　今回、宮嶋さんとじっくりお話しできてよかったです。

宮嶋　こんな異業種で本当にすみません（笑）。

伊藤　お話をうかがって、宮嶋さんは何かを伝える自由をとても大事にされていると思いました。あんな世界の隅々まで写真を撮りに行ってるんですから。

宮嶋　ありがとうございます。

伊藤　その自由は多分、ご自身の命よりも大事にしている、もしくはそれに非常に近いものだと思うんです。

宮嶋　でもまあ、正直いま不安ですよねえ、さっきの話に戻ると。日本の平和が偶然の産物って気づいちゃった。いったいこの平和がいつまで続くのか。

伊藤　それは紛争の現場を見ているからですよ。想像つかないですもんね、普通の人は。

宮嶋　私のように戦場に身を置けば、自分の顔を弾がかすめる恐怖を感じられますが、災害が多い日本では、敵に攻められる怖さより、食べ物がなくなる怖さのほうが身近だという、自分の国が直面している危機を自覚してもいいのではと思います。

伊藤　まったく同感です。またお話ししましょう。どうかお元気で取材を続けてください。

宮嶋　伊藤さんも、どうぞお体にお気を付けください。

（対談日：2023年4月5、6、9日）

あとがき

伊藤祐靖

現在私は、標高一〇〇〇メートル近い山の中で過ごし、友人である宮大工の棟梁に指南を受けつつ、そこで育った木を使い、自分の家を建てている。木の切り倒し、皮むき、組み立て等の過程を残すため、写真を撮ることが多い。また、特殊部隊にいた頃は、訓練死が多発することを予想していたので、近影を残すために隊員の写真を頻繁に撮っていた。もちろん、仕事ではないし、趣味でもないので、何の知識もポリシーもなく、ただシャッターを切っていただけだ。

今回、格闘つながりの友人の企画で、報道カメラマンである宮嶋茂樹氏と対談をさせていただく機会を得た。もちろん、御高名は以前から存じ上げていたし、写真集も執筆されたものもいくつも読んでいた（失礼ながら、実は立ち読み）。自衛隊に関する写真集を見ては「ここを、こう撮るのか」と感心したり、静止している画像から伝わる躍動感に驚いていた。また、戦場や紛争地で撮影された写真を見ると、過去に自分がここに行ったことがあるんじゃないかと思う錯覚や、いままさにそこに自分がいて、そこの空気を吸っている疑似体験をさせられて、何とも透明感のある写真だと思った。

私は、この世に出回っている多くの画像は、虚像であると思っている。それは、ないものを写し込んだり、あったものを消したりという意味ではなく、撮影者の思惑が写り込んでいるからである。女優の写真を撮っているカメラマンは、きれいに撮ろうとしているに決まっているし、我が子の写真を撮る親は、可愛い時期を画像に残したいと思っている。被災地の悲惨な現場を撮ろうとしている者が、たまたま被災者が談笑している場面をシャッターチャンスと思うはずがないからだ。

それは当然のことなのだろうが、私のようなひねくれ者にとってはたまらなく不快だ。自分の感情をコントロールしようとしている気がするからだ。

ところが、宮嶋氏の画像にそれは感じない。

私は、相手が敵か味方かは一〇〇メートル圏内に入ればわかるタイプなので、宮嶋氏を最初にお見受けしたときから味方だと思ったが、対談が進み、人間性や生き方がよりわかっていくと、なぜ宮嶋氏の画像に虚像性を感じないのかがわかった。

多くのカメラマンが、シャッターを切ったときの感覚を、見る者に強要しようとしているのに比し、宮嶋氏は、見る者に「俺は、こう思ったけど、あんたはどう思う？」と委ねようとしているからである。このちょっとした違いが、私には透明感として、たまらなく心地よく感じられる。

今後も、透き通った写真を多く残していただき、そのときの話をうかがいたいと思っている。

令和5（2023）年　6月

君たちはこの国をどう守るか

伊藤祐靖
Sukeyasu Ito
宮嶋茂樹
Shigeki Miyajima

本文写真：宮嶋茂樹
カバー・表紙写真：三宅史郎（本文P139、144、152、171、185、189、206の写真含む）

構成：はたけあゆみ
編集協力：天田憲明

ブックデザイン：鶴 丈二

※本書に登場する人物の肩書は当時のものです。

伊藤祐靖（いとう　すけやす）

1964年生まれ。海上自衛隊の特殊部隊創設に携わる。2007年退官。その後、各国の軍隊、警察を指導。いまも多くの自衛官からの支持を得ている。著書に『国のために死ねるか』（文春新書）、『邦人奪還』『自衛隊失格』（ともに新潮文庫）などがある。

宮嶋茂樹（みやじま　しげき）

1961年生まれ。「不肖・宮嶋」で知られる報道カメラマン。第3回編集者が選ぶ雑誌ジャーナリズム大賞、第4回日藝賞受賞。著書に『ウクライナ戦記』（文藝春秋）、『海上自衛隊創設70周年写真集 GLORIOUS FLEET 日出づる艦隊』（講談社）などがある。

君《きみ》たちはこの国《くに》をどう守《まも》るか

二〇二三年七月二五日　第一刷発行

著者　伊藤祐靖《いとうすけやす》　宮嶋茂樹《みやじましげき》

発行者　大松芳男

発行所　株式会社　文藝春秋
〒一〇二-八〇〇八
東京都千代田区紀尾井町三-二三
電話　〇三-三二六五-一二一一（代）

印刷・製本　凸版印刷
DTP　エヴリ・シンク

ISBN978-4-16-391728-3